けいさん せんもんドリル

1年

| 1年 | くみ |

特色と使い方

● このドリルは、計算力を付けるための計算問題をせんもんにあつかったドリルです。

● 教科書ぴったりトレーニングに、このドリルの何ページをすればよいのかが書いてあります。教科書ぴったりトレーニングにあわせてお使いください。

教科書ぴったり
トレーニングの
ここを 見てね

🐾 もくじ 🐾

1 10までの たしざん①

1 けいさんを しましょう。

月　　日

① 1+2=☐　　② 2+6=☐

③ 7+3=☐　　④ 5+5=☐

⑤ 4+1=☐　　⑥ 3+5=☐

⑦ 2+3=☐　　⑧ 1+7=☐

⑨ 4+6=☐　　⑩ 8+1=☐

2 けいさんを しましょう。

月　　日

① 5+2=☐　　② 1+3=☐

③ 2+8=☐　　④ 6+3=☐

⑤ 1+5=☐　　⑥ 4+4=☐

⑦ 3+3=☐　　⑧ 6+1=☐

⑨ 4+2=☐　　⑩ 3+7=☐

1 けいさんを しましょう。

月 日

① 7+1=

② 3+6=

③ 2+5=

④ 8+2=

⑤ 1+1=

⑥ 5+4=

⑦ 2+2=

⑧ 4+3=

⑨ 1+9=

⑩ 6+2=

2 けいさんを しましょう。

月 日

① 3+1=

② 6+4=

③ 7+2=

④ 2+1=

⑤ 5+3=

⑥ 1+6=

⑦ 2+4=

⑧ 5+1=

⑨ 1+8=

⑩ 3+2=

3 10までの たしざん③

1 けいさんを しましょう。 　月　日

① 4＋1＝ ☐　　② 3＋7＝ ☐

③ 6＋3＝ ☐　　④ 8＋1＝ ☐

⑤ 1＋5＝ ☐　　⑥ 4＋6＝ ☐

⑦ 4＋4＝ ☐　　⑧ 5＋2＝ ☐

⑨ 1＋2＝ ☐　　⑩ 2＋8＝ ☐

2 けいさんを しましょう。 　月　日

① 4＋2＝ ☐　　② 3＋4＝ ☐

③ 5＋5＝ ☐　　④ 1＋7＝ ☐

⑤ 6＋1＝ ☐　　⑥ 2＋7＝ ☐

⑦ 9＋1＝ ☐　　⑧ 2＋3＝ ☐

⑨ 4＋5＝ ☐　　⑩ 1＋3＝ ☐

★ できた　もんだいには、
「た」を　かこう！

でき **1** ○　でき **2** ○

1 けいさんを　しましょう。

月　　日

① 3 + 3 =

② 1 + 9 =

③ 2 + 6 =

④ 5 + 4 =

⑤ 7 + 3 =

⑥ 4 + 1 =

⑦ 3 + 5 =

⑧ 1 + 1 =

⑨ 7 + 1 =

⑩ 6 + 4 =

2 けいさんを　しましょう。

月　　日

① 1 + 6 =

② 8 + 2 =

③ 4 + 3 =

④ 1 + 8 =

⑤ 2 + 2 =

⑥ 3 + 1 =

⑦ 5 + 5 =

⑧ 7 + 2 =

⑨ 2 + 4 =

⑩ 3 + 6 =

5 **10 までの ひきざん①**

★ できた もんだいには、「た」を かこう！
でき **1** ◯ でき **2** ◯

1 けいさんを しましょう。　　　　月　　日

① 8−5=☐　　　② 10−3=☐

③ 6−1=☐　　　④ 8−6=☐

⑤ 10−2=☐　　　⑥ 7−5=☐

⑦ 9−6=☐　　　⑧ 5−2=☐

⑨ 4−3=☐　　　⑩ 6−4=☐

2 けいさんを しましょう。　　　　月　　日

① 5−4=☐　　　② 10−7=☐

③ 3−1=☐　　　④ 7−6=☐

⑤ 8−4=☐　　　⑥ 6−3=☐

⑦ 9−8=☐　　　⑧ 8−1=☐

⑨ 10−5=☐　　　⑩ 8−3=☐

6 10までの ひきざん②

★ できた もんだいには、「た」を かこう！
1 でき   2 でき

1 けいさんを しましょう。

月　日

① $8-2=$

② $8-7=$

③ $10-9=$

④ $9-4=$

⑤ $6-2=$

⑥ $3-2=$

⑦ $7-3=$

⑧ $10-1=$

⑨ $4-2=$

⑩ $2-1=$

2 けいさんを しましょう。

月　日

① $9-7=$

② $7-1=$

③ $5-3=$

④ $10-6=$

⑤ $9-1=$

⑥ $9-5=$

⑦ $4-1=$

⑧ $7-4=$

⑨ $10-8=$

⑩ $9-3=$

7 **10 までの ひきざん③**

1 けいさんを しましょう。 | 月 日 |

① 7 − 2 = ☐   ② 4 − 1 = ☐

③ 8 − 5 = ☐   ④ 3 − 2 = ☐

⑤ 6 − 1 = ☐   ⑥ 8 − 4 = ☐

⑦ 10 − 4 = ☐   ⑧ 5 − 3 = ☐

⑨ 8 − 6 = ☐   ⑩ 9 − 6 = ☐

2 けいさんを しましょう。 | 月 日 |

① 5 − 4 = ☐   ② 3 − 1 = ☐

③ 6 − 4 = ☐   ④ 10 − 2 = ☐

⑤ 5 − 2 = ☐   ⑥ 6 − 5 = ☐

⑦ 10 − 3 = ☐   ⑧ 8 − 1 = ☐

⑨ 9 − 8 = ☐   ⑩ 7 − 5 = ☐

8 **10までの　ひきざん④**

★できた　もんだいには、
「た」を　かこう！
でき 1 　でき 2

1 けいさんを　しましょう。

月　　日

① 10−5=

② 4−2=

③ 5−1=

④ 10−8=

⑤ 8−7=

⑥ 6−3=

⑦ 8−3=

⑧ 10−7=

⑨ 7−3=

⑩ 8−2=

2 けいさんを　しましょう。

月　　日

① 6−2=

② 9−7=

③ 4−3=

④ 9−2=

⑤ 7−1=

⑥ 9−4=

⑦ 2−1=

⑧ 7−6=

⑨ 9−5=

⑩ 10−1=

9 0の たしざんと ひきざん

1 けいさんを しましょう。

月　　日

① 4＋0＝ □

② 8＋0＝ □

③ 1＋0＝ □

④ 3＋0＝ □

⑤ 9＋0＝ □

⑥ 0＋7＝ □

⑦ 0＋2＝ □

⑧ 0＋5＝ □

⑨ 0＋6＝ □

⑩ 0＋0＝ □

2 けいさんを しましょう。

月　　日

① 2－2＝ □

② 9－9＝ □

③ 5－5＝ □

④ 7－7＝ □

⑤ 6－6＝ □

⑥ 4－0＝ □

⑦ 1－0＝ □

⑧ 8－0＝ □

⑨ 3－0＝ □

⑩ 0－0＝ □

1 けいさんを　しましょう。

月　　日

① 10＋5＝ ☐ 　　② 10＋2＝ ☐

③ 10＋8＝ ☐ 　　④ 10＋3＝ ☐

⑤ 10＋7＝ ☐ 　　⑥ 11－1＝ ☐

⑦ 16－6＝ ☐ 　　⑧ 14－4＝ ☐

⑨ 17－7＝ ☐ 　　⑩ 15－5＝ ☐

2 けいさんを　しましょう。

月　　日

① 14＋1＝ ☐ 　　② 17＋2＝ ☐

③ 12＋5＝ ☐ 　　④ 11＋7＝ ☐

⑤ 13＋6＝ ☐ 　　⑥ 14－2＝ ☐

⑦ 17－3＝ ☐ 　　⑧ 15－4＝ ☐

⑨ 16－5＝ ☐ 　　⑩ 18－3＝ ☐

11 たしざんと　ひきざん②

1 けいさんを　しましょう。

月　　日

① 10＋4＝ ☐

② 10＋6＝ ☐

③ 10＋1＝ ☐

④ 10＋7＝ ☐

⑤ 10＋9＝ ☐

⑥ 13－3＝ ☐

⑦ 18－8＝ ☐

⑧ 19－9＝ ☐

⑨ 12－2＝ ☐

⑩ 16－6＝ ☐

2 けいさんを　しましょう。

月　　日

① 15＋2＝ ☐

② 13＋4＝ ☐

③ 16＋3＝ ☐

④ 18＋1＝ ☐

⑤ 12＋3＝ ☐

⑥ 12－1＝ ☐

⑦ 15－2＝ ☐

⑧ 18－4＝ ☐

⑨ 13－2＝ ☐

⑩ 17－6＝ ☐

1 けいさんを　しましょう。

月　　日

① 　5＋1＋2＝☐

② 　2＋2＋3＝☐

③ 　1＋6＋1＝☐

④ 　7＋3＋4＝☐

⑤ 　2＋8＋6＝☐

⑥ 　7－2－1＝☐

⑦ 　9－5－2＝☐

⑧ 　10－6－2＝☐

⑨ 　18－8－4＝☐

⑩ 　12－2－3＝☐

2 けいさんを　しましょう。

月　　日

① 　9－8＋5＝☐

② 　8－4＋2＝☐

③ 　10－7＋6＝☐

④ 　14－4＋2＝☐

⑤ 　16－3＋4＝☐

⑥ 　4＋3－5＝☐

⑦ 　8＋1－6＝☐

⑧ 　5＋5－8＝☐

⑨ 　10＋9－6＝☐

⑩ 　13＋2－4＝☐

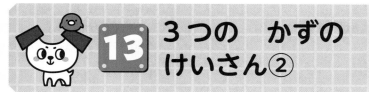

13 3つの かずの けいさん②

1 けいさんを しましょう。　　　　月　　日

① 4+1+4=☐　　② 2+3+3=☐

③ 5+5+5=☐　　④ 4+6+3=☐

⑤ 9+1+7=☐　　⑥ 8-3-3=☐

⑦ 9-4-1=☐　　⑧ 10-5-2=☐

⑨ 16-6-5=☐　　⑩ 17-7-6=☐

2 けいさんを しましょう。　　　　月　　日

① 7-2+4=☐　　② 4-1+4=☐

③ 10-5+4=☐　　④ 12-2+9=☐

⑤ 18-5+3=☐　　⑥ 3+6-7=☐

⑦ 2+4-3=☐　　⑧ 1+9-3=☐

⑨ 10+7-4=☐　　⑩ 12+7-6=☐

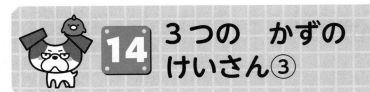

14 3つの かずの けいさん③

★ できた もんだいには、「た」を かこう！
でき 1 　 でき 2

1 けいさんを しましょう。

月　　日

① 4＋2＋2＝□

② 1＋1＋7＝□

③ 3＋7＋9＝□

④ 8＋2＋9＝□

⑤ 5＋5＋2＝□

⑥ 6－2－3＝□

⑦ 7－4－2＝□

⑧ 10－3－5＝□

⑨ 15－5－1＝□

⑩ 19－5－4＝□

2 けいさんを しましょう。

月　　日

① 9－6＋5＝□

② 6－2＋1＝□

③ 10－6＋4＝□

④ 14－4＋5＝□

⑤ 17－6＋1＝□

⑥ 4＋4－6＝□

⑦ 6＋2－1＝□

⑧ 7＋3－2＝□

⑨ 10＋4－1＝□

⑩ 14＋3－5＝□

★ できた もんだいには、「た」を かこう！
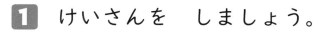
でき 1 ○ でき 2 ○

1 けいさんを しましょう。　　　月　　日

① 9＋5＝☐　　② 6＋5＝☐

③ 8＋7＝☐　　④ 7＋4＝☐

⑤ 9＋8＝☐　　⑥ 3＋9＝☐

⑦ 7＋7＝☐　　⑧ 5＋8＝☐

⑨ 9＋3＝☐　　⑩ 6＋9＝☐

2 けいさんを しましょう。　　　月　　日

① 5＋6＝☐　　② 8＋6＝☐

③ 9＋7＝☐　　④ 3＋8＝☐

⑤ 8＋5＝☐　　⑥ 9＋2＝☐

⑦ 4＋9＝☐　　⑧ 7＋6＝☐

⑨ 8＋9＝☐　　⑩ 5＋7＝☐

16 くりあがりの　ある　たしざん②

1 けいさんを　しましょう。

月　　日

① $9+4=$ ☐　　② $7+9=$ ☐

③ $4+7=$ ☐　　④ $6+8=$ ☐

⑤ $8+8=$ ☐　　⑥ $7+5=$ ☐

⑦ $8+4=$ ☐　　⑧ $2+9=$ ☐

⑨ $9+6=$ ☐　　⑩ $6+7=$ ☐

2 けいさんを　しましょう。

月　　日

① $7+8=$ ☐　　② $9+3=$ ☐

③ $4+8=$ ☐　　④ $9+5=$ ☐

⑤ $6+6=$ ☐　　⑥ $5+8=$ ☐

⑦ $8+7=$ ☐　　⑧ $3+8=$ ☐

⑨ $7+7=$ ☐　　⑩ $8+9=$ ☐

1 けいさんを しましょう。

月 日

① $8+4=$ ☐

② $5+7=$ ☐

③ $3+9=$ ☐

④ $9+8=$ ☐

⑤ $7+6=$ ☐

⑥ $6+9=$ ☐

⑦ $9+9=$ ☐

⑧ $5+6=$ ☐

⑨ $9+4=$ ☐

⑩ $7+8=$ ☐

2 けいさんを しましょう。

月 日

① $2+9=$ ☐

② $7+5=$ ☐

③ $6+7=$ ☐

④ $4+9=$ ☐

⑤ $8+6=$ ☐

⑥ $5+9=$ ☐

⑦ $8+3=$ ☐

⑧ $9+6=$ ☐

⑨ $8+8=$ ☐

⑩ $9+2=$ ☐

1 けいさんを しましょう。

月　　日

① 8＋3＝□　　② 6＋6＝□

③ 8＋7＝□　　④ 7＋5＝□

⑤ 9＋6＝□　　⑥ 8＋9＝□

⑦ 9＋7＝□　　⑧ 3＋9＝□

⑨ 9＋4＝□　　⑩ 6＋8＝□

2 けいさんを しましょう。

月　　日

① 5＋9＝□　　② 4＋7＝□

③ 7＋9＝□　　④ 8＋5＝□

⑤ 9＋3＝□　　⑥ 5＋6＝□

⑦ 8＋8＝□　　⑧ 2＋9＝□

⑨ 6＋7＝□　　⑩ 7＋8＝□

19 くりあがりの ある たしざん⑤

★ できた もんだいには、「た」を かこう！
でき 1 ○ でき 2 ○

1 けいさんを しましょう。

月　　日

① 9＋9＝ ☐　　② 5＋7＝ ☐

③ 8＋6＝ ☐　　④ 3＋8＝ ☐

⑤ 6＋5＝ ☐　　⑥ 7＋6＝ ☐

⑦ 9＋8＝ ☐　　⑧ 4＋8＝ ☐

⑨ 7＋4＝ ☐　　⑩ 5＋9＝ ☐

2 けいさんを しましょう。

月　　日

① 9＋6＝ ☐　　② 7＋8＝ ☐

③ 3＋9＝ ☐　　④ 9＋4＝ ☐

⑤ 5＋8＝ ☐　　⑥ 7＋9＝ ☐

⑦ 6＋7＝ ☐　　⑧ 9＋5＝ ☐

⑨ 8＋9＝ ☐　　⑩ 5＋6＝ ☐

20 くりあがりの ある たしざん⑥

1 けいさんを しましょう。

月 日

① 8+5=

② 7+4=

③ 6+6=

④ 3+8=

⑤ 7+6=

⑥ 9+7=

⑦ 6+9=

⑧ 4+8=

⑨ 7+5=

⑩ 8+7=

2 けいさんを しましょう。

月 日

① 6+8=

② 9+9=

③ 8+4=

④ 4+9=

⑤ 9+3=

⑥ 6+5=

⑦ 7+7=

⑧ 9+2=

⑨ 8+3=

⑩ 4+7=

★ できた もんだいには、「た」を かこう！

① でき ② でき

1 けいさんを しましょう。 月 　日

① 4 + 7 =

② 9 + 9 =

③ 7 + 7 =

④ 9 + 2 =

⑤ 8 + 3 =

⑥ 4 + 9 =

⑦ 6 + 8 =

⑧ 7 + 4 =

⑨ 8 + 8 =

⑩ 5 + 9 =

2 けいさんを しましょう。 月 　日

① 6 + 5 =

② 8 + 5 =

③ 2 + 9 =

④ 9 + 8 =

⑤ 6 + 9 =

⑥ 4 + 8 =

⑦ 7 + 9 =

⑧ 5 + 7 =

⑨ 6 + 6 =

⑩ 9 + 5 =

1 けいさんを しましょう。

| | 月 日 |

① 15 − 8 =

② 11 − 3 =

③ 13 − 5 =

④ 12 − 6 =

⑤ 15 − 7 =

⑥ 12 − 4 =

⑦ 13 − 8 =

⑧ 16 − 8 =

⑨ 11 − 4 =

⑩ 12 − 8 =

2 けいさんを しましょう。

| | 月 日 |

① 17 − 8 =

② 14 − 9 =

③ 11 − 7 =

④ 12 − 9 =

⑤ 13 − 6 =

⑥ 11 − 2 =

⑦ 15 − 9 =

⑧ 12 − 7 =

⑨ 14 − 6 =

⑩ 16 − 7 =

★ できた もんだいには、「た」を かこう！

でき **1** ○　でき **2** ○

1 けいさんを しましょう。

月　　日

① 15−7=☐　　② 11−2=☐

③ 13−9=☐　　④ 14−6=☐

⑤ 11−4=☐　　⑥ 13−8=☐

⑦ 12−3=☐　　⑧ 13−4=☐

⑨ 15−9=☐　　⑩ 14−7=☐

2 けいさんを しましょう。

月　　日

① 12−6=☐　　② 13−5=☐

③ 11−8=☐　　④ 16−7=☐

⑤ 14−5=☐　　⑥ 16−9=☐

⑦ 12−7=☐　　⑧ 17−8=☐

⑨ 15−8=☐　　⑩ 12−9=☐

24 くりさがりの ある ひきざん③

1 けいさんを しましょう。

① 11−4＝ ☐

② 12−5＝ ☐

③ 16−9＝ ☐

④ 15−8＝ ☐

⑤ 12−8＝ ☐

⑥ 11−6＝ ☐

⑦ 12−4＝ ☐

⑧ 17−9＝ ☐

⑨ 12−6＝ ☐

⑩ 14−7＝ ☐

2 けいさんを しましょう。

① 11−8＝ ☐

② 12−9＝ ☐

③ 14−6＝ ☐

④ 18−9＝ ☐

⑤ 11−3＝ ☐

⑥ 14−8＝ ☐

⑦ 15−6＝ ☐

⑧ 13−7＝ ☐

⑨ 13−4＝ ☐

⑩ 11−7＝ ☐

25 くりさがりの ある ひきざん④

1 けいさんを しましょう。

月　　日

① 16−8=

② 11−9=

③ 11−6=

④ 15−9=

⑤ 12−3=

⑥ 11−8=

⑦ 14−5=

⑧ 14−6=

⑨ 13−9=

⑩ 15−7=

2 けいさんを しましょう。

月　　日

① 12−7=

② 13−6=

③ 11−4=

④ 14−8=

⑤ 13−4=

⑥ 11−2=

⑦ 18−9=

⑧ 11−5=

⑨ 16−7=

⑩ 12−8=

1 けいさんを しましょう。

月　日

① 18−9 =

② 12−5 =

③ 17−8 =

④ 12−6 =

⑤ 13−7 =

⑥ 16−9 =

⑦ 11−3 =

⑧ 13−8 =

⑨ 15−6 =

⑩ 14−8 =

2 けいさんを しましょう。

月　日

① 13−5 =

② 12−9 =

③ 14−7 =

④ 11−7 =

⑤ 17−9 =

⑥ 12−4 =

⑦ 11−5 =

⑧ 15−8 =

⑨ 14−9 =

⑩ 11−6 =

★ できた　もんだいには、「た」を　かこう！
でき **1** ○　でき **2** ○

1 けいさんを　しましょう。　　月　日

① $14 - 9 =$
② $11 - 5 =$

③ $13 - 6 =$
④ $16 - 7 =$

⑤ $11 - 6 =$
⑥ $13 - 9 =$

⑦ $12 - 3 =$
⑧ $16 - 8 =$

⑨ $15 - 7 =$
⑩ $14 - 5 =$

2 けいさんを　しましょう。　　月　日

① $12 - 4 =$
② $11 - 7 =$

③ $13 - 7 =$
④ $17 - 9 =$

⑤ $14 - 8 =$
⑥ $13 - 5 =$

⑦ $11 - 9 =$
⑧ $12 - 5 =$

⑨ $15 - 6 =$
⑩ $12 - 8 =$

28 くりさがりの ある ひきざん⑦

1 けいさんを しましょう。

月　日

① $11-5=$ ☐　　② $16-8=$ ☐

③ $13-6=$ ☐　　④ $15-9=$ ☐

⑤ $12-3=$ ☐　　⑥ $14-5=$ ☐

⑦ $17-9=$ ☐　　⑧ $11-8=$ ☐

⑨ $12-7=$ ☐　　⑩ $18-9=$ ☐

2 けいさんを しましょう。

月　日

① $13-9=$ ☐　　② $15-6=$ ☐

③ $11-3=$ ☐　　④ $12-5=$ ☐

⑤ $14-7=$ ☐　　⑥ $13-8=$ ☐

⑦ $11-9=$ ☐　　⑧ $16-9=$ ☐

⑨ $13-4=$ ☐　　⑩ $17-8=$ ☐

29 なんじゅうの けいさん

★ できた もんだいには、
「た」を かこう！

でき 1 ○ でき 2 ○

1 けいさんを しましょう。

月　日

① 50＋20＝

② 10＋70＝

③ 60＋40＝

④ 30＋30＝

⑤ 80＋10＝

⑥ 20＋60＝

⑦ 40＋50＝

⑧ 70＋20＝

⑨ 90＋10＝

⑩ 30＋40＝

2 けいさんを しましょう。

月　日

① 70－40＝

② 30－20＝

③ 80－50＝

④ 90－30＝

⑤ 40－10＝

⑥ 100－60＝

⑦ 50－30＝

⑧ 60－20＝

⑨ 70－50＝

⑩ 100－50＝

1 けいさんを しましょう。

月　　日

① $60+2=$ ☐ 　　② $20+5=$ ☐

③ $30+8=$ ☐ 　　④ $90+6=$ ☐

⑤ $50+7=$ ☐ 　　⑥ $70+1=$ ☐

⑦ $80+8=$ ☐ 　　⑧ $40+9=$ ☐

⑨ $20+3=$ ☐ 　　⑩ $60+4=$ ☐

2 けいさんを しましょう。

月　　日

① $52-2=$ ☐ 　　② $24-4=$ ☐

③ $81-1=$ ☐ 　　④ $79-9=$ ☐

⑤ $27-7=$ ☐ 　　⑥ $66-6=$ ☐

⑦ $45-5=$ ☐ 　　⑧ $93-3=$ ☐

⑨ $58-8=$ ☐ 　　⑩ $35-5=$ ☐

31 100までの かずと いくつの けいさん①

1 けいさんを しましょう。　　月　日

① 36＋1＝ ☐　　② 53＋6＝ ☐

③ 82＋2＝ ☐　　④ 23＋4＝ ☐

⑤ 66＋3＝ ☐　　⑥ 92＋7＝ ☐

⑦ 44＋4＝ ☐　　⑧ 75＋2＝ ☐

⑨ 33＋5＝ ☐　　⑩ 57＋1＝ ☐

2 けいさんを しましょう。　　月　日

① 39－5＝ ☐　　② 85－3＝ ☐

③ 58－5＝ ☐　　④ 29－8＝ ☐

⑤ 73－1＝ ☐　　⑥ 98－2＝ ☐

⑦ 49－7＝ ☐　　⑧ 65－1＝ ☐

⑨ 38－3＝ ☐　　⑩ 88－6＝ ☐

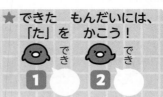

★ できた もんだいには、「た」を かこう！

でき 1　でき 2

1 けいさんを しましょう。

月　日

① 84＋5＝

② 41＋8＝

③ 55＋1＝

④ 72＋4＝

⑤ 33＋3＝

⑥ 86＋2＝

⑦ 72＋6＝

⑧ 25＋3＝

⑨ 67＋1＝

⑩ 94＋3＝

2 けいさんを しましょう。

月　日

① 52－1＝

② 67－3＝

③ 26－3＝

④ 99－6＝

⑤ 84－1＝

⑥ 27－5＝

⑦ 66－5＝

⑧ 35－2＝

⑨ 79－4＝

⑩ 48－7＝

こたえ

1 10までの たしざん①

1
①3　　②8
③10　④10
⑤5　　⑥8
⑦5　　⑧8
⑨10　⑩9

2
①7　　②4
③10　④9
⑤6　　⑥8
⑦6　　⑧7
⑨6　　⑩10

2 10までの たしざん②

1
①8　　②9
③7　　④10
⑤2　　⑥9
⑦4　　⑧7
⑨10　⑩8

2
①4　　②10
③9　　④3
⑤8　　⑥7
⑦6　　⑧6
⑨9　　⑩5

3 10までの たしざん③

1
①5　　②10
③9　　④9
⑤6　　⑥10
⑦8　　⑧7
⑨3　　⑩10

2
①6　　②7
③10　④8
⑤7　　⑥9
⑦10　⑧5
⑨9　　⑩4

4 10までの たしざん④

1
①6　　②10
③8　　④9
⑤10　⑥5

⑦8　　⑧2
⑨8　　⑩10

2
①7　　②10
③7　　④9
⑤4　　⑥4
⑦10　⑧9
⑨6　　⑩9

5 10までの ひきざん①

1
①3　　②7
③5　　④2
⑤8　　⑥2
⑦3　　⑧3
⑨1　　⑩2

2
①1　　②3
③2　　④1
⑤4　　⑥3
⑦1　　⑧7
⑨5　　⑩5

6 10までの ひきざん②

1
①6　　②1
③1　　④5
⑤4　　⑥1
⑦4　　⑧9
⑨2　　⑩1

2
①2　　②6
③2　　④4
⑤8　　⑥4
⑦3　　⑧3
⑨2　　⑩6

7 10までの ひきざん③

1
①5　　②3
③3　　④1
⑤5　　⑥4
⑦6　　⑧2
⑨2　　⑩3

2 ①1 ②2
③2 ④8
⑤3 ⑥1
⑦7 ⑧7
⑨1 ⑩2

8 10までの ひきざん④

1 ①5 ②2
③4 ④2
⑤1 ⑥3
⑦5 ⑧3
⑨4 ⑩6
2 ①4 ②2
③1 ④7
⑤6 ⑥5
⑦1 ⑧1
⑨4 ⑩9

9 0の たしざんと ひきざん

1 ①4 ②8
③1 ④3
⑤9 ⑥7
⑦2 ⑧5
⑨6 ⑩0
2 ①0 ②0
③0 ④0
⑤0 ⑥4
⑦1 ⑧8
⑨3 ⑩0

10 たしざんと ひきざん①

1 ①15 ②12
③18 ④13
⑤17 ⑥10
⑦10 ⑧10
⑨10 ⑩10
2 ①15 ②19
③17 ④18
⑤19 ⑥12
⑦14 ⑧11
⑨11 ⑩15

11 たしざんと ひきざん②

1 ①14 ②16
③11 ④17
⑤19 ⑥10
⑦10 ⑧10
⑨10 ⑩10
2 ①17 ②17
③19 ④19
⑤15 ⑥11
⑦13 ⑧14
⑨11 ⑩11

12 3つの かずの けいさん①

1 ①8 ②7
③8 ④14
⑤16 ⑥4
⑦2 ⑧2
⑨6 ⑩7
2 ①6 ②6
③9 ④12
⑤17 ⑥2
⑦3 ⑧2
⑨13 ⑩11

13 3つの かずの けいさん②

1 ①9 ②8
③15 ④13
⑤17 ⑥2
⑦4 ⑧3
⑨5 ⑩4
2 ①9 ②7
③9 ④19
⑤16 ⑥2
⑦3 ⑧7
⑨13 ⑩13

14 3つの かずの けいさん③

1 ①8 ②9
③19 ④19
⑤12 ⑥1
⑦1 ⑧2
⑨9 ⑩10

2 ①8 　②5
③8 　④15
⑤12 　⑥2
⑦7 　⑧8
⑨13 　⑩12

15 くりあがりの ある たしざん①

1 ①14 　②11
③15 　④11
⑤17 　⑥12
⑦14 　⑧13
⑨12 　⑩15

2 ①11 　②14
③16 　④11
⑤13 　⑥11
⑦13 　⑧13
⑨17 　⑩12

16 くりあがりの ある たしざん②

1 ①13 　②16
③11 　④14
⑤16 　⑥12
⑦12 　⑧11
⑨15 　⑩13

2 ①15 　②12
③12 　④14
⑤12 　⑥13
⑦15 　⑧11
⑨14 　⑩17

17 くりあがりの ある たしざん③

1 ①12 　②12
③12 　④17
⑤13 　⑥15
⑦18 　⑧11
⑨13 　⑩15

2 ①11 　②12
③13 　④13
⑤14 　⑥14
⑦11 　⑧15
⑨16 　⑩11

18 くりあがりの ある たしざん④

1 ①11 　②12
③15 　④12
⑤15 　⑥17
⑦16 　⑧12
⑨13 　⑩14

2 ①14 　②11
③16 　④13
⑤12 　⑥11
⑦16 　⑧11
⑨13 　⑩15

19 くりあがりの ある たしざん⑤

1 ①18 　②12
③14 　④11
⑤11 　⑥13
⑦17 　⑧12
⑨11 　⑩14

2 ①15 　②15
③12 　④13
⑤13 　⑥16
⑦13 　⑧14
⑨17 　⑩11

20 くりあがりの ある たしざん⑥

1 ①13 　②11
③12 　④11
⑤13 　⑥16
⑦15 　⑧12
⑨12 　⑩15

2 ①14 　②18
③12 　④13
⑤12 　⑥11
⑦14 　⑧11
⑨11 　⑩11

21 くりあがりの ある たしざん⑦

1 ①11 　②18
③14 　④11
⑤11 　⑥13
⑦14 　⑧11
⑨16 　⑩14

2　①11　②13
　　③11　④17
　　⑤15　⑥12
　　⑦16　⑧12
　　⑨12　⑩14

22　くりさがりの　ある　ひきざん①

1　①7　②8
　　③8　④6
　　⑤8　⑥8
　　⑦5　⑧8
　　⑨7　⑩4

2　①9　②5
　　③4　④3
　　⑤7　⑥9
　　⑦6　⑧5
　　⑨8　⑩9

23　くりさがりの　ある　ひきざん②

1　①8　②9
　　③4　④8
　　⑤7　⑥5
　　⑦9　⑧9
　　⑨6　⑩7

2　①6　②8
　　③3　④9
　　⑤9　⑥7
　　⑦5　⑧9
　　⑨7　⑩3

24　くりさがりの　ある　ひきざん③

1　①7　②7
　　③7　④7
　　⑤4　⑥5
　　⑦8　⑧8
　　⑨6　⑩7

2　①3　②3
　　③8　④9
　　⑤8　⑥6
　　⑦9　⑧6
　　⑨9　⑩4

25　くりさがりの　ある　ひきざん④

1　①8　②2
　　③5　④6
　　⑤9　⑥3
　　⑦9　⑧8
　　⑨4　⑩8

2　①5　②7
　　③7　④6
　　⑤9　⑥9
　　⑦9　⑧6
　　⑨9　⑩4

26　くりさがりの　ある　ひきざん⑤

1　①9　②7
　　③9　④6
　　⑤6　⑥7
　　⑦8　⑧5
　　⑨9　⑩6

2　①8　②3
　　③7　④4
　　⑤8　⑥8
　　⑦6　⑧7
　　⑨5　⑩5

27　くりさがりの　ある　ひきざん⑥

1　①5　②6
　　③7　④9
　　⑤5　⑥4
　　⑦9　⑧8
　　⑨8　⑩9

2　①8　②4
　　③6　④8
　　⑤6　⑥8
　　⑦2　⑧7
　　⑨9　⑩4

28　くりさがりの　ある　ひきざん⑦

1　①6　②8
　　③7　④6
　　⑤9　⑥9
　　⑦8　⑧3
　　⑨5　⑩9

2 ①4 ②9
③8 ④7
⑤7 ⑤5
⑦2 ⑧7
⑨9 ⑩9

29 なんじゅうの けいさん

1 ①70 ②80
③100 ④60
⑤90 ⑥80
⑦90 ⑧90
⑨100 ⑩70

2 ①30 ②10
③30 ④60
⑤30 ⑥40
⑦20 ⑧40
⑨20 ⑩50

30 なんじゅうと いくつの けいさん

1 ①62 ②25
③38 ④96
⑤57 ⑥71
⑦88 ⑧49
⑨23 ⑩64

2 ①50 ②20
③80 ④70
⑤20 ⑥60
⑦40 ⑧90
⑨50 ⑩30

31 100までの かずと いくつの けいさん①

1 ①37 ②59
③84 ④27
⑤69 ⑥99
⑦48 ⑧77
⑨38 ⑩58

2 ①34 ②82
③53 ④21
⑤72 ⑥96
⑦42 ⑧64
⑨35 ⑩82

32 100までの かずと いくつの けいさん②

1 ①89 ②49
③56 ④76
⑤36 ⑥88
⑦78 ⑧28
⑨68 ⑩97

2 ①51 ②64
③23 ④93
⑤83 ⑥22
⑦61 ⑧33
⑨75 ⑩41

教科書ぴったり トレーニング

はなまるシール

★ ふろくの「がんばり表」につかおう！
★ はじめに、キミのおとも犬をえらんで、がんばり表にはろう！
★ がくしゅうがおわったら、がんばり表に「はなまるシール」をはろう！
★ あまったシールはじゆうにつかってね。

キミのおとも犬

げんき いっぱい おにく だいすき！
つっこみやく みんなの おせわがかり
ちょっと こわがり さいねんしょう
おっとり どくしょが すき
やさしくて ものしり みんなの せんせい

はなまるシール

すごい！ いいね！ がんばれ！ やったね！ できる！ ナイス！ むずかしい… がんばろう！ もう1回!! よくできたね！

こくご  国語
さんすう  算数

ごほうびシール

よくできました

教科書ぴったりトレーニング さんすう1年 がんばり表

いつも見えるところに、この「がんばり表」をはっておこう。
この「ぴたトレ」をがくしゅうしたら、シールをはろう！
どこまでがんばったかわかるよ。

4. のこりは いくつ ちがいは いくつ

32〜33ページ	30〜31ページ	28〜29ページ
ぴったり3	ぴったり12	ぴったり12
できたらシールをはろう	できたらシールをはろう	できたらシールをはろう

3. あわせて いくつ ふえると いくつ

26〜27ページ	24〜25ページ	22〜23ページ
ぴったり3	ぴったり12	ぴったり12
できたらシールをはろう	できたらシールをはろう	できたらシールをはろう

2. なんばんめ

20〜21ページ	18〜19ページ
ぴったり3	ぴったり12
できたらシールをはろう	できたらシールをはろう

5. どちらが ながい

34〜35ページ	36〜37ページ
ぴったり12	ぴったり3
できたらシールをはろう	できたらシールをはろう

6. わかりやすく せいりしよう

38ページ	39ページ
ぴったり12	ぴったり3
できたらシールをはろう	できたらシールをはろう

7. 10より おおきい かず

40〜41ページ	42〜43ページ	44〜45ページ	46〜47ページ
ぴったり12	ぴったり12	ぴったり12	ぴったり3
できたらシールをはろう	できたらシールをはろう	できたらシールをはろう	できたらシールをはろう

15. どちらが ひろい

85ページ	84ページ
ぴったり3	ぴったり12
できたらシールをはろう	できたらシールをはろう

14. おおきい かず

82〜83ページ	80〜81ページ	78〜79ページ	76〜77ページ	74〜75ページ
ぴったり3	ぴったり12	ぴったり12	ぴったり12	ぴったり12
できたらシールをはろう	できたらシールをはろう	できたらシールをはろう	できたらシールをはろう	できたらシールをはろう

★けいさん ぴらみっど

72〜73ページ
できたらシールをはろう

16. なんじなんぷん

86ページ	87ページ
ぴったり12	ぴったり3
できたらシールをはろう	できたらシールをはろう

★ビルを つくろう

88〜89ページ
できたらシールをはろう

17. たしざんと ひきざん

90〜91ページ	92〜93ページ	94〜95ページ	96〜97ページ
ぴったり12	ぴったり12	ぴったり12	ぴったり3
できたらシールをはろう	できたらシールをはろう	できたらシールをはろう	できたらシールをはろう

教科書ぴったりトレーニング 算数 1年 東京書籍版 折込おく見ホンモン

り合わせて使うことが
、勉強していこうね。
するよ。

聴できます。
ブの登録商標です。

、「た」を かこう！★
き　　　き
3　　　4

とりくんで
　　いいね。
見て　前に

の　学しゅうが
たら、「がんば
に シールを

え」が　書
して　みよ
を　読んで、

本書『教科書ぴったりトレーニング』は、教科書の要点や重
要事項をつかむ「ぴったり1 じゅんび」、おさらいをしながら
問題に慣れる「ぴったり2 れんしゅう」、テスト形式で学習事項
が定着したか確認する「ぴったり3 たしかめのテスト」の3段
階構成になっています。教科書の学習順序やねらいに完全対応
していますので、日々の学習（トレーニング）にぴったりです。

「観点別学習状況の評価」について

　学校の通知表は、「知識・技能」「思考・判断・表現」「主体的に学
習に取り組む態度」の3つの観点による評価がもとになっています。
　問題集やドリルでは、一般に知識・技能を問う問題が中心になり
ますが、本書『教科書ぴったりトレーニング』では、次のように、観
点別学習状況の評価に基づく問題を取り入れて、成績アップに結び
つくことをねらいました。

ぴったり3 たしかめのテスト　　チャレンジテスト

● 「知識・技能」を問う問題か、「思考・判断・表現」を問う問題かで、
　それぞれに分類して出題しています。
● 「知識・技能」では、主に基礎・基本の問題を、「思考・判断・表現」
　では、主に活用問題を取り扱っています。

発展について

はってん … 学習指導要領では示されていない「発展的な学習内容」
　　　　を扱っています。

別冊 『まるつけラクラクかいとう』 について

おうちのかたへ では、次のようなものを示しています。

・学習のねらいやポイント
・他の学年や他の単元の学習内容とのつながり
・まちがいやすいことやつまずきやすいところ

お子様への説明や、学習内容の把握などにご活用ください。

なまえ

すきななまえを
つけてね！

ぴた犬
（おとも犬）
シールを
はろう

シールの中からすきなぴた犬をえらぼう。

おうちのかたへ

がんばり表のデジタル版「デジタルがんばり表」では、デジタル端末でも学習の進捗記録をつけることができます。1冊やり終えると、抽選でプレゼントが当たります。「ぴたサポシステム」にご登録いただき、「デジタルがんばり表」をお使いください。LINE または PC・ブラウザを利用する方法があります。

LINE用   PC・ブラウザ用

⭐ ぴたサポシステムご利用ガイドはこちら ⭐
https://www.shinko-keirin.co.jp/shinko/news/pittari-support-system

1. なかまづくりと　かず

16〜17ページ	14〜15ページ	12〜13ページ	10〜11ページ	8〜9ページ	6〜7ページ	4〜5ページ	2〜3ページ
ぴったり3	ぴったり12	ぴったり12	ぴったり12	ぴったり12	ぴったり12	ぴったり12	ぴったり12
できたらシールをはろう	できたらシールをはろう	できたらシールをはろう	できたらシールをはろう	できたらシールをはろう	できたらシールをはろう	できたらシールをはろう	できたらシールをはろう

スタート

8. なんじ　なんじはん

48ページ	49ページ
ぴったり12	ぴったり3
できたらシールをはろう	できたらシールをはろう

9. 3つの　かずの　けいさん

50〜51ページ	52〜53ページ	54〜55ページ
ぴったり12	ぴったり12	ぴったり3
できたらシールをはろう	できたらシールをはろう	できたらシールをはろう

10. どちらが　おおい

56ページ	57ページ
ぴったり12	ぴったり3
できたらシールをはろう	できたらシールをはろう

★どんな　けいさんに　なるのかな？

70〜71ページ
できたらシールをはろう

13. ひきざん

68〜69ページ	66〜67ページ
ぴったり3	ぴったり12
できたらシールをはろう	できたらシールをはろう

12. かたちあそび

64〜65ページ	62〜63ページ
ぴったり3	ぴったり12
できたらシールをはろう	できたらシールをはろう

11. たしざん

60〜61ページ	58〜59ページ
ぴったり3	ぴったり12
できたらシールをはろう	できたらシールをはろう

18. かたちづくり

98〜99ページ	100〜101ページ
ぴったり12	ぴったり3
できたらシールをはろう	できたらシールをはろう

1ねんの　ふくしゅう

102〜104ページ
できたらシールをはろう

ゴール

さいごまでがんばったキミは
「ごほうびシール」をはろう！

ごほうび
シールを
はろう

教科書ぴったりトレーニングの使い方

『ぴたトレ』は教科書にぴった
できるよ。教科書も見ながら
ぴた犬たちが勉強をサポート

ふだんの学習

ぴったり① じゅんび

教科書の だいじな ところを まとめて
めあて で だいじな ポイントが わかるよ
もんだいに こたえながら、わかって いる
かくにんしよう。　QRコードから「3分でまとめ動画」が視
※QRコードは株式会社デンソーウェー

ぴったり② れんしゅう

「ぴったり1」で べんきょう
した ことが みについて
いるかな？かくにんしながら、
もんだいに とりくもう。

★できた もんだいには

ぴったり③ たしかめのテスト

「ぴったり1」「ぴったり2」が おわったら、
みよう。学校の テストの 前に やっても
わからない もんだいは、 ふりかえり を
もどって かくにんしよう。

実力チェック

★ なつのチャレンジテスト
★ ふゆのチャレンジテスト
★ はるのチャレンジテスト
1年 さんすうのまとめ 学力しんだんテスト

夏休み、冬休み、春休みの
前に つかいましょう。
学期の おわりや 学年の
おわりの テストの 前に
やっても いいね。

ふだん
おわっ
り表」
はろう

別冊

まるつけ ラクラクかいとう

もんだいと 同じ ところに 赤字で「答
いて あるよ。もんだいの 答え合わせを
う。まちがえた もんだいは、下の てびき
もういちど 見直そう。

もくじ

さんすう1年
東京書籍版　新編
あたらしい　さんすう

教科書ぴったりトレーニング
▶3分でまとめ動画

巻末	なつのチャレンジテスト／ふゆのチャレンジテスト／はるのチャレンジテスト／学力しんだんテスト	とりはずして
別冊	まるつけラクラクかいとう	お使いください

ぴったり① じゅんび

1 なかまづくりと　かず

（5までの　かず）

きょうかしょ　① 3〜11ページ　こたえ　2ページ

めあて

ものの数と同じ数だけ◯に色を塗り、1〜5の数をとらえられるようにします。　れんしゅう 🐾→

🦴 えの　かずだけ　◯を　ぬりましょう。

  →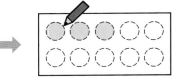

えを　1こずつ
ゆびで　おさえながら、
◯を　1こずつ
ぬりましょう。

→

  →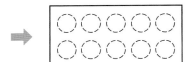

めあて

5までの数について、数字を書けるようにします。　れんしゅう 🐾🐾→

🦴🦴 5までの　すうじを　かきましょう。

　いち

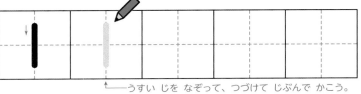

←──うすい　じを　なぞって、つづけて　じぶんで　かこう。

　に

　さん

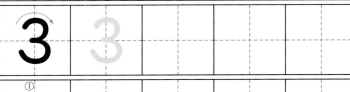

　し

　ご

★ できた もんだいには、「た」を かこう！★

でき　でき　でき

た

きょうかしょ　① 3〜11ページ　こたえ　2ページ

🐾 えの かずだけ ◯ を ぬりましょう。

きょうかしょ8ページで、◯の ぬりかたを まなぼう。

🐾 おなじ かずを ●せん● で むすびましょう。

きょうかしょ3〜9ページで、かずの かぞえかたや すうじを まなぼう。

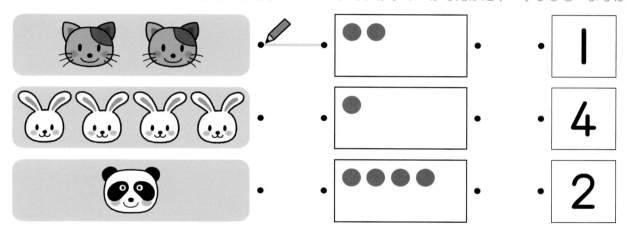

🐾 かずを すうじで かきましょう。

きょうかしょ8〜9ページで、すうじの かきかたを まなぼう。

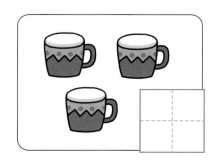
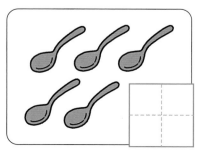
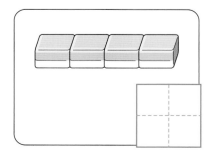

ひんと　はじめは、ゆびで えを １こずつ おさえながら かぞえよう。

1 なかまづくりと　かず
5は　いくつと　いくつ

きょうかしょ　① 12〜13 ページ　　こたえ　2 ページ

めあて
5を2つの数に分けることができるようにします。

れんしゅう

🦴 5は　いくつと　いくつですか。

1と　いくつで
5に　なるかな。

① 　**1** と 4

② 　**2** と

おはじきを
つかって
しらべて
みよう。

③  　**3** と

④ 　**4** と

めあて
2つの数を合わせて5をつくることができるようにします。

れんしゅう

🦴🦴 いくつと　いくつで　5に　なりますか。

①

の　なかには
いくつ　はいって
いるのかな。

4 と 1

②

　と

③

　と

④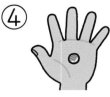

　と

★ できた もんだいには、「た」を かこう！ ★

でき　　でき　　でき

きょうかしょ　① 12〜13 ページ　　こたえ　2 ページ

🐾 あと いくつで 5に なりますか。

きょうかしょ12ページで、あと いくつで 5に なるか かんがえよう。

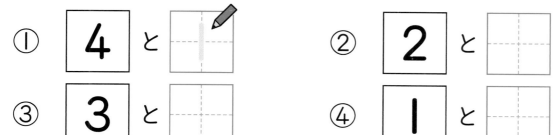

① 4 と [　]　　② 2 と [　]

③ 3 と [　]　　④ 1 と [　]

🐾 5は いくつと いくつですか。

きょうかしょ13ページで、5は いくつと いくつか かんがえよう。

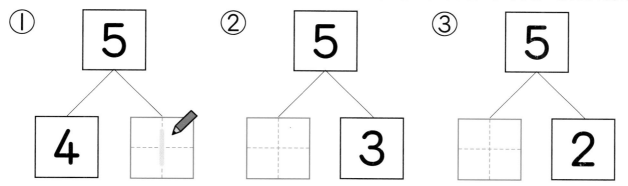

① 5 → 4, [　]　　② 5 → [　], 3　　③ 5 → [　], 2

🐾 5に なるように、せんで むすびましょう。

きょうかしょ12〜13ページで、いくつと いくつで 5に なるか かんがえよう。

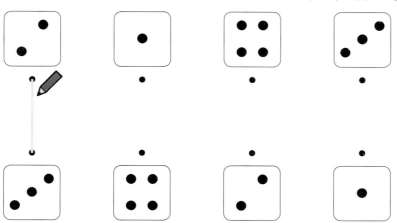

ひんと　🐾 ① 4は あと いくつで 5に なるか かんがえよう。

ぴったり 1
じゅんび

1 なかまづくりと　かず

（10までの　かず）

きょうかしょ ① 14〜17 ページ　こたえ 3 ページ

めあて

ものの数と同じ数だけ◯に色を塗り、6〜10の数をとらえられるようにします。　れんしゅう

1 えの　かずだけ　◯を　ぬりましょう。

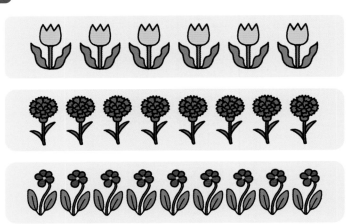
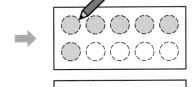
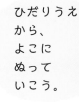
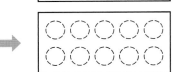

ひだりうえ
から、
よこに
ぬって
いこう。

めあて

10までの数について、数字を書けるようにします。　れんしゅう

2 10までの　すうじを　かきましょう。

 ろく

 しち

 はち

く 9

 じゅう 10

ぴったり 2
れんしゅう

がくしゅうび

月　日

★ できた　もんだいには、「た」を　かこう！ ★

でき　　でき　　でき

きょうかしょ ① 14〜17 ページ　　こたえ　3 ページ

🐾 えの　かずだけ ◌ を　ぬりましょう。

きょうかしょ16ページで、◌の　ぬりかたを　まなぼう。

🐾 おなじ　かずを ●━━● で　むすびましょう。

きょうかしょ14〜17ページで、かずの　かぞえかたや　すうじを　まなぼう。

 ・  ・

 ・ ・ ・

・ ・

🐾 かずを　すうじで　かきましょう。

きょうかしょ16〜17ページで、すうじの　かきかたを　まなぼう。

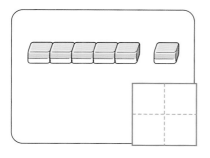 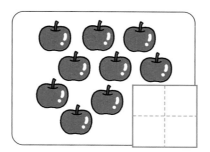 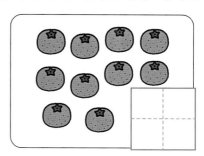

ひんと　はじめは、ゆびで　えを　１こずつ　おさえながら　かぞえよう。

7

1 なかまづくりと かず

6は いくつと いくつ
7は いくつと いくつ

📖 きょうかしょ ① 18〜21 ページ　　⇛ こたえ　3 ページ

◎ めあて

6を 2つの数に 分けることが できるようにします。　　れんしゅう 🐾 🐾 →

🦴 6は いくつと いくつですか。

① 🌸🌸🌸🌸🌸🌸　　| 1 | と | 5 |　　1と いくつで 6に なるかな。

② 🌸🌸🌸🌸🌸🌸　　| 4 | と | |

③ 🌸🌸🌸🌸🌸🌸　　| 2 | と | |

④ 🌸🌸🌸🌸🌸🌸　　| 3 | と | |

⑤ 🌸🌸🌸🌸🌸🌸　　| 5 | と | |

◎ めあて

7を 2つの数に 分けることが できるようにします。　　れんしゅう 🐾 🐾 →

🦴 あと いくつで 7に なりますか。

① | 6 | と | 1 |　　　② | 5 | と | |

③ | 4 | と | |　　　　④ | 3 | と | |

⑤ | 1 | と | |　　　　⑥ | 2 | と | |

ぴったり ② れんしゅう

★ できた もんだいには、「た」を かこう！★

でき・でき・でき

きょうかしょ ① 18〜21 ページ　こたえ　3 ページ

🐾 いくつと いくつで 6に なりますか。

きょうかしょ18〜19ページで、
6は いくつと いくつか
かんがえよう。

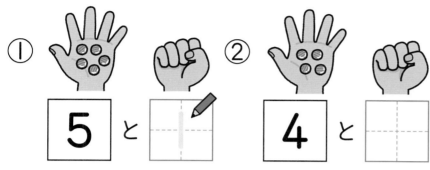

① 5 と ｜

② 4 と

③ □ と □

④ □ と □

⑤ □ と □

🐾 あわせて 7に なるように、いろを ぬりましょう。

きょうかしょ20〜21ページで、
7は いくつと いくつか
かんがえよう。

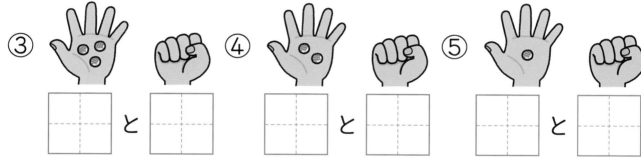

①　と

②　と

🐾 □に あう かずを かきましょう。

きょうかしょ18〜21ページで、6、7は いくつと いくつか かんがえよう。

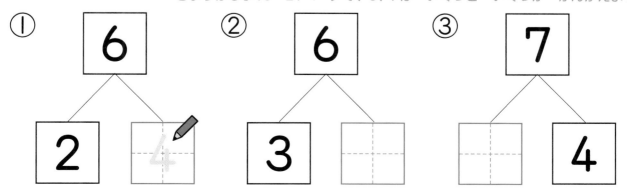

① 6 → 2, 4

② 6 → 3, □

③ 7 → □, 4

🐾🐾🐾 ひんと 🐾 ① 5は あと いくつで 6に なるか かんがえよう。

1 なかまづくりと　かず
8は　いくつと　いくつ
9は　いくつと　いくつ

きょうかしょ ① 22〜25 ページ こたえ 4 ページ

◎ めあて
8を2つの数に分けることができるようにします。

れんしゅう 🐾 🐾 →

🦴 8は　いくつと　いくつですか。

1と　いくつで
8に　なるかな。

① ☘☘☘☘☘☘☘☘ | 1 | と | |

② ☘☘☘☘☘☘☘☘ | 5 | と |

③ ☘☘☘☘☘☘☘☘ | 3 | と |

④ ☘☘☘☘☘☘☘☘ | 4 | と |

⑤ ☘☘☘☘☘☘☘☘ | 2 | と |

◎ めあて
9を2つの数に分けることができるようにします。

れんしゅう 🐾 🐾 →

🦴🦴 あと　いくつで　9に　なりますか。

① | 1 | と | 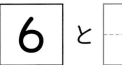 8 |　　② | 6 | と |

③ | 5 | と |　　④ | 3 | と |

⑤ | 2 | と |　　⑥ | 7 | と |

★ できた もんだいには、「た」を かこう！ ★

でき　でき　でき

きょうかしょ ① 22〜25 ページ　こたえ 4 ページ

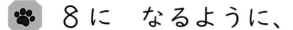 8 に なるように、●ーー●で むすびましょう。

きょうかしょ22〜23ページで、いくつと いくつで 8に なるか かんがえよう。

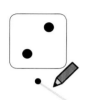

 9 に なるように、●ーー●で むすびましょう。

きょうかしょ24〜25ページで、いくつと いくつで 9に なるか かんがえよう。

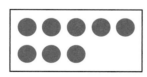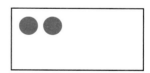

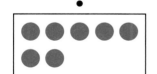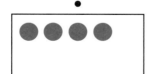

 ☐ に あう かずを かきましょう。

きょうかしょ22〜25ページで、8、9は いくつと いくつか かんがえよう。

① 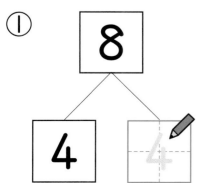　　② 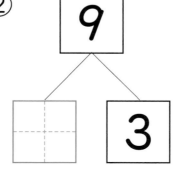　　③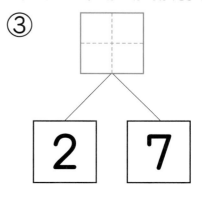

ひんと　　2は あと いくつで 8に なるか かんがえよう。

11

1　なかまづくりと　かず

10は　いくつと　いくつ
10を　つくろう
かぞえよう

きょうかしょ　① 26〜29ページ　　こたえ　4ページ

◎めあて

10を2つの数に分けることができるようにします。

れんしゅう 🐾 🐾 →

🦴 10は　いくつと　いくつですか。

かくれて　いる
かずは、
いくつかな。

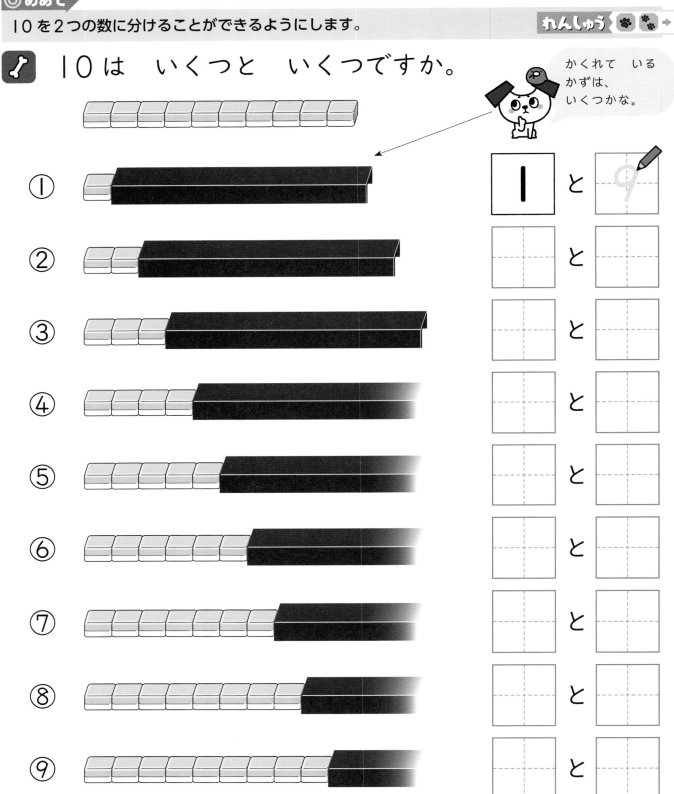

① | 1 | と | 9 |
② | | と | |
③ | | と | |
④ | | と | |
⑤ | | と | |
⑥ | | と | |
⑦ | | と | |
⑧ | | と | |
⑨ | | と | |

★ できた　もんだいには、「た」を　かこう！★

でき　　でき

きょうかしょ　① 26〜29 ページ　　こたえ　4 ページ

 10に　なるように、—せん—で　むすびましょう。

きょうかしょ26〜27ページで、いくつと　いくつで　10に　なるか　がんがえよう。

2	6	1	5	7

9	8	5	4	3

よくでる　□□ に　あう　かずを　かきましょう。

きょうかしょ29ページで、いくつと　いくつで　いくつか　かぞえよう。

①

②

2	と	5	で	

3	と	6	で	

③

④

4	と	4	で	

9	と	1	で	

ひんと　① あかい　はなが　2こ、しろい　はなが　5こ　あります。

13

ぴったり1
じゅんび

1 なかまづくりと かず

おおきさを くらべよう
0と いう かず

きょうかしょ　① 30〜32 ページ　　こたえ　5 ページ

めあて

1から 10までの、数の大小がわかるようにします。

れんしゅう

かずの おおきい ほうに ○を かきましょう。

（　　　）　　　（　　　）　　　　（　　　）　（　　　）

めあて

1から 10までの、数の順序がわかるようにします。

れんしゅう

□に あう かずを かきましょう。

| 1 | 2 | 3 | | 5 | | 7 | 8 |

かずを ちいさい じゅんに いって みよう。

めあて

何もないことを、数字で0と表すことを理解します。

れんしゅう

かずを すうじで かきましょう。

れい

14

ぴったり 2

れんしゅう

★ できた もんだいには、「た」を かこう！★

できき　できき　できき

がくしゅうび　月　日

きょうかしょ　① 30〜32 ページ　こたえ　5 ページ

🐾 かずの おおきい ほうに ◯を かきましょう。

きょうかしょ30ページで、おおきい ちいさいを かんがえよう。

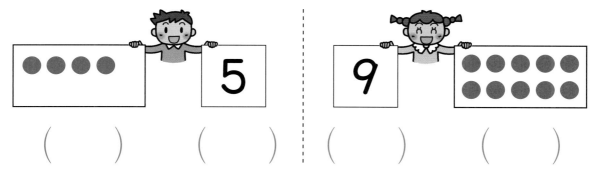

（　）　（　）　（　）　（　）

🐾 ☐に あう かずを かきましょう。

きょうかしょ31〜32ページで、かずの じゅんばんを かんがえよう。

だんだん
おおきく なって
いるのかな？

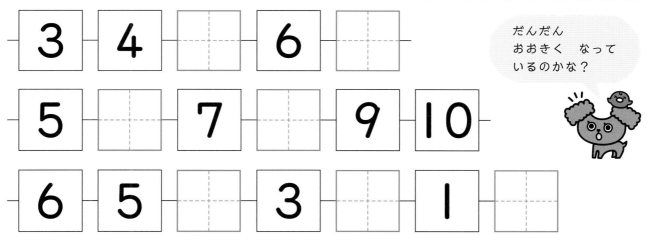

🐾 たまの かずを すうじで かきましょう。

きょうかしょ32ページで、0を まなぼう。

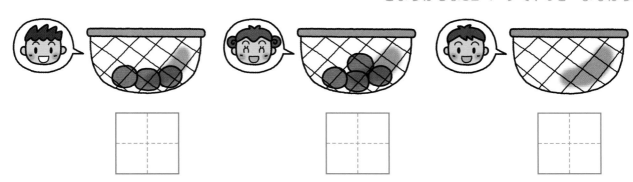

ひんと　🐾 1、2、3、……と、ちいさい かずから じゅんに いって みよう。
10、9、8、……と、おおきい かずから じゅんに いって みよう。

15

1 なかまづくりと かず

じかん **30** ぷん

／100

ごうかく **80** てん

知識・技能　／70てん

1 よくでる **かずを すうじで かきましょう。** 1つ5てん(15てん)

① くま　　　② うさぎ　　　③ きつね

2 あめの かずを すうじで かきましょう。

1つ5てん(20てん)

①　　　②　　　③　　　④

❸ よくでる □に　あう　かずを　かきましょう。
1つ5てん(10てん)

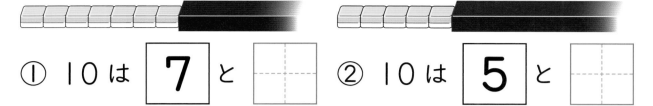

① 10は 7 と □　　② 10は 5 と □

❹ かずの　おおきい　ほうに　○を　かきましょう。
1つ5てん(10てん)

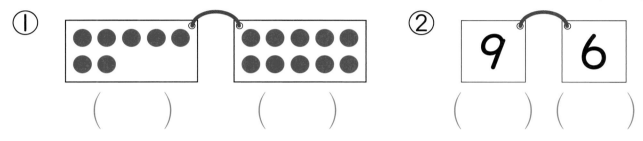

① （　　）　　（　　）　　② （　　）　（　　）

❺ よくでる □に　あう　かずを　かきましょう。
1つ5てん(15てん)

□ 5 6 7 8 □ □

思考・判断・表現　　　　　　　　　　／30てん

できならすごい!!

❻ みぎの　かずを　□に　1つずつ　いれて、8と
10を　つくりましょう。
ぜんぶできて　1もん15てん(30てん)

① □ と □ で 8

② □ と □ で 10

ぴったり **1**
じゅんび

2 なんばんめ
なんばんめ

3分でまとめ

がくしゅうび 　月　日

きょうかしょ ① 34〜37ページ　こたえ 6ページ

◎ **めあて**

「〜ひき」と「〜ひきめ」の違いを理解します。

れんしゅう ① →

1 ○で　かこみましょう。

「〜ひきめ」の ときは、 1ぴきだけ かこみます。

① まえから　4ひき

まえ   うしろ

② まえから　4ひきめ

まえ    うしろ

◎ **めあて**

「〜から〜ばんめ」と、順番や位置が表せるようにします。

れんしゅう ② →

2 えを　みて　こたえましょう。

うえ

① ぶた は、うえから 2 ばんめです。

② ねこ は、したから ☐ ばんめです。

③ ねずみ は、うえから ☐ ばんめ、

したから ☐ ばんめです。

うえ
ぱんだ
ぶた
ねずみ
ねこ
いぬ
した

どこから　かぞえるのかに きを　つけよう。

18

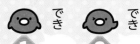
★ できた もんだいには、「た」を かこう！★

でき ①　でき ②

きょうかしょ ① 34〜37 ページ　こたえ 6 ページ

❶ ○で かこみましょう。

きょうかしょ35ページで、「〜にん」と 「〜にんめ」に ついて まなぼう。

① まえから ５にん

まえ うしろ

② まえから ５にんめ

まえ うしろ

❷ えを みて こたえましょう。

きょうかしょ36ページで、「〜から 〜ばんめ」に ついて かんがえよう。

ひだり  みぎ
　　　　ねぎ　　にんじん　たまねぎ　ぴいまん　とまと　　だいこん

① は ひだりから なんばんめですか。
ぴいまん

□□ ばんめ

！ まちがいちゅうい

② は どこに ありますか。
とまと

 ひだりから？
みぎから？

（　　　　　　）から □□ ばんめです。

ひんと
❶ 「まえから 〜にん」、「まえから 〜にんめ」の ちがいに ちゅういしよう。
❷ どちらから かぞえるかが たいせつです。

② なんばんめ

じかん **30** ぷん

／100

ごうかく **80** てん

📖 きょうかしょ ① 34〜37 ページ ✏️ こたえ 6 ページ

知識・技能 ／50てん

① **よくでる** ○で かこみましょう。 1つ10てん（30てん）

① まえから ３だい

まえ 🚗 🚗 🚗 🚗 うしろ

② まえから ３だいめ

まえ 🚗 🚗 🚗 🚗 うしろ

③ したから ４ばんめ

うえ

した

② **よくでる** えを みて こたえましょう。 1つ10てん（20てん）

まみ たくや

まえ うしろ

① まみさんは、まえから ☐ ばんめです。

② たくやさんは、うしろから ☐ ばんめです。

思考・判断・表現　　　　　　　　　　　　　　　　　　　　　／50てん

❸ えを みて こたえましょう。　　⑤はぜんぶできて 1もん10てん（50てん）

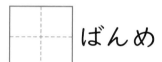

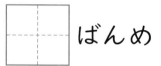

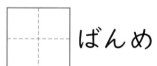

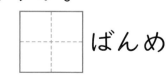

① くまは、ひだりから なんばんめですか。

　　　　　　　　　　　　　　ばんめ

② くまは、みぎから なんばんめですか。

　　　　　　　　　　　　　　ばんめ

③ すずめは、うえから なんばんめですか。

　　　　　　　　　　　　　　ばんめ

④ からすは、したから なんばんめですか。

　　　　　　　　　　　　　　ばんめ

できたらすごい！

⑤ はとは どこに いますか。

　　　（　　　　　　　）から 　　　ばんめに います。

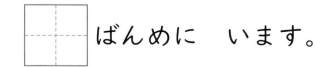 ❶①② が わからない ときは、18ページの ❶ に もどって かくにんして みよう。

③ あわせて　いくつ　ふえると　いくつ

あわせる
ふえる

きょうかしょ　② 2〜9 ページ　　こたえ　7 ページ

めあて

「あわせて　いくつ」（合併）の場面で、たし算を使えるようにします。　　**れんしゅう** ① ③ →

1 あわせると、なんぼんに　なりますか。

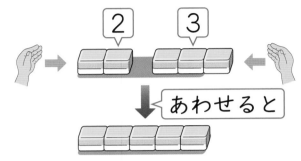

あわせると

しき　2 ＋ 3 ＝ □
　　　2　たす　3　は

こたえ □ ほん

たしざんだね。
かきじゅん　たす　は
＋ ＝

めあて

「ふえると　いくつ」（増加）の場面で、たし算を使えるようにします。　　**れんしゅう** ② ③ →

2 3びき　くると、なんびきに　なりますか。

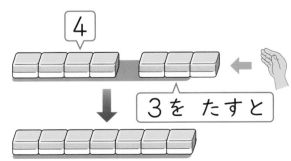

4

3を　たすと

しき　□ ＋ □ ＝ □

こたえ □ ひき

「あわせると」も、
「くると」も、
たしざんだね。

★ できた もんだいには、「た」を かこう！★

📖 きょうかしょ　② 2〜9 ページ　　🔁 こたえ　7 ページ

1 みんなで なんにんに なりますか。　　きょうかしょ2ページ 1

しき 　2＋4＝

こたえ ☐ にん

2 しきに かいて こたえましょう。　　きょうかしょ5ページ 1

3わ　　　→　6わ　　→　みんなで
います。　　きました。　　なんわに
　　　　　　　　　　　なりましたか。

しき ☐

こたえ ☐ わ

3 たしざんを しましょう。　　きょうかしょ8ページ 6

① 1＋3＝☐　　　② 2＋5＝☐

③ 3＋4＝☐　　　④ 6＋3＝☐

⑤ 5＋3＝☐　　　⑥ 4＋5＝☐

⑦ 9＋1＝☐　　　⑧ 2＋8＝☐

 **1・2**「あわせると」、「ふえると」、「みんなで」、「ぜんぶで」は、たしざんの
しきに なります。

23

ぴったり 1 じゅんび

③ あわせて　いくつ　ふえると　いくつ
0の　たしざん
おはなしづくり

📖 きょうかしょ　② 10〜11 ページ　　こたえ　7 ページ

🎯 めあて

0のたし算ができるようにします。

れんしゅう ① ② ③ →

1 わなげを　しました。いれた　かずは
いくつですか。しきに　かきましょう。

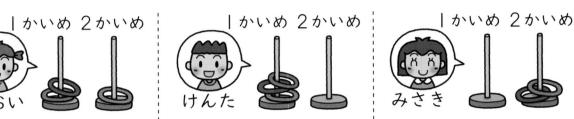

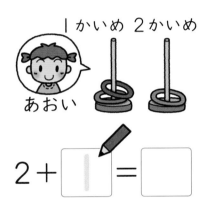
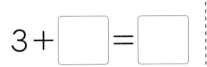

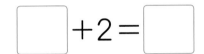

$2 + \boxed{} = \boxed{}$　　$3 + \boxed{} = \boxed{}$　　$\boxed{} + 2 = \boxed{}$

🎯 めあて

たし算の式になるお話をつくれるようにします。

れんしゅう ④ →

2 5＋4＝9 の　しきに　なる　たしざんの
おはなしを　つくりましょう。

ほかにも
おはなしが
できるかな…。

あかい　はなが　$\boxed{}$　ほん、しろい　はなが

$\boxed{}$　ほん　あります。

はなは、$\boxed{}$　9 ほん　あります。

でき ① 　　でき ② 　　でき ③ 　　でき ④

📖 きょうかしょ ② 10〜11ページ　　✏ こたえ　7ページ

1 きんぎょすくいを しました。すくった かずは なんびきですか。しきに かいて こたえましょう。

きょうかしょ10ページ **1**

しき [＿＿＿＿＿＿]

｜かいめ　2かいめ

こたえ [　] びき

2 たまいれを しました。
いれた かずは、4＋0の
しきに なります。
どのように はいったのか、
かごの なかに ●を かきましょう。

｜かいめ　2かいめ

きょうかしょ10ページ **2**

3 たしざんを しましょう。

きょうかしょ10ページ **1**

① 5＋0＝[　]　　② 0＋0＝[　]

4 24ぺえじの **2**の ねこの えを みて、
5＋4＝9の しきに なる たしざんの
おはなしを つくりましょう。

きょうかしょ11ページ **1**

[＿＿＿＿＿＿＿＿＿＿＿＿＿＿]

🐶ひんと　①・② 「なにも ない」と いうのは、「0こ ある」と いう ことです。
0も かずだから、たしざんが できます。

ぴったり③ たしかめのテスト

③ あわせて いくつ
ふえると いくつ

きょうかしょ ② 2〜12 ページ　こたえ　8 ページ

知識・技能　　　　　　　　　　　　　　　　　　　　　／60てん

1 えや ぶろっくを みて、しきに かきましょう。

ぜんぶできて　1もん10てん（20てん）

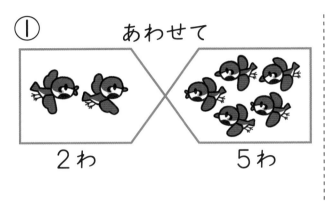

① あわせて

2わ　　　　5わ

② 5こ

3こ たすと

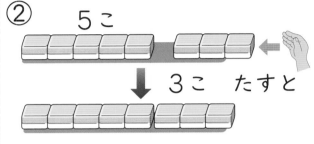

☐☐☐☐☐ ＝ ☐　　　☐☐☐☐☐ ＝ ☐

2 よくでる たしざんを しましょう。

1つ5てん（40てん）

① 4＋1＝ ☐　　　　② 1＋5＝ ☐

③ 7＋2＝ ☐　　　　④ 4＋4＝ ☐

⑤ 6＋4＝ ☐　　　　⑥ 3＋7＝ ☐

⑦ 8＋0＝ ☐　　　　⑧ 0＋9＝ ☐

26

思考・判断・表現　　　　　　　　　　　　　　　　　　　　　　／40てん

③ あおい　かさが　4 ほん、きいろい　かさが　5 ほん
あります。かさは、ぜんぶで　なんぼん　ありますか。

しき・こたえ　1つ5てん(10てん)

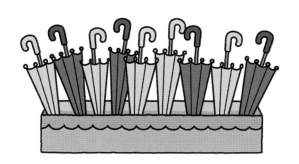

しき

こたえ　　　　ほん

④ こどもが　6 にん　います。3 にん　きました。
こどもは、みんなで　なんにんに　なりましたか。

しき・こたえ　1つ5てん(10てん)

しき

こたえ　　　　にん

できたらすごい！

⑤ しきと　えを　せんで　むすびましょう。　1つ10てん(20てん)

① 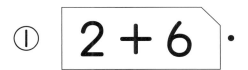 2＋6 ・

② 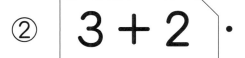 3＋2 ・

・

・

・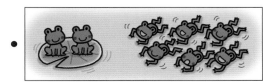

ふりかえり **①**①が　わからない　ときは、22 ページの **①** に　もどって　かくにんして　みよう。

ふろくの「けいさんせんもんドリル」 [1]〜[4] も　やって　みよう！

27

ぴったり1 じゅんび

へる

きょうかしょ ② 14〜18 ページ　　こたえ　8 ページ

めあて

「のこりは　いくつ」（求残）の場面で、ひき算を使えるようにします。　　れんしゅう ①③➡

1 のこりは　なんだいに　なりますか。

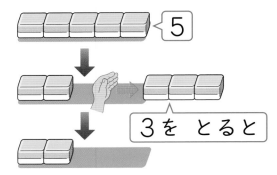

3を とると

しき [5] − [3] = [　]

　　　5　ひく　3　は

こたえ [　] だい

ひきざんだね。

かきじゅん　ひく →

めあて

「のこりは　いくつ」（求補）の場面で、ひき算を使えるようにします。　　れんしゅう ②③➡

2 ねこが　9ひき　います。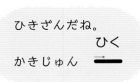（くろねこ）は　3びきです。

（とらねこ）は　なんびき　いますか。

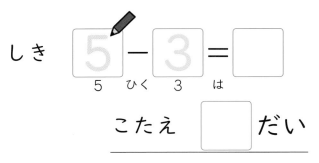

ぶろっく　9こから
3こを　とれば
いいよ。

しき [　] − [　] = [　]

こたえ [　] ぴき

1 しきに かいて こたえましょう。　　　きょうかしょ14ページ 1

6にん います。➡ 3にん かえりました。➡ のこりは なんにんに なりましたか。

しき

こたえ ☐ にん

2 かっぷが 8こ あります。ぴんく は 4こです。

あお は なんこですか。　　　きょうかしょ17ページ 6

しき

こたえ ☐ こ

3 ひきざんを しましょう。　　　きょうかしょ17ページ 8

① 3−2=☐　　　② 8−5=☐

③ 7−1=☐　　　④ 9−7=☐

⑤ 6−5=☐　　　⑥ 4−2=☐

⑦ 10−4=☐　　　⑧ 10−8=☐

ひんと　　1・2 「のこりは」は、ひきざんの しきに なります。
ぶろっくを ならべて はしから とります。のこりの かずが こたえに なります。

4 のこりは いくつ ちがいは いくつ

**0の ひきざん
ちがい
おはなしづくり**

きょうかしょ ② 19〜24ページ　こたえ 9ページ

◎ めあて

0のひき算ができるようにします。

れんしゅう ①→

1 のこりの 🍌は なんぼんですか。

| 1ぽん たべると | 2ほん たべると | 1ぽんも たべないと |

 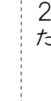 

2 − ☐ = ☐　　2 − ☐ = ☐　　2 − ☐ = ☐

◎ めあて

「ちがいは いくつ」(求差)の場面で、ひき算を使えるようにします。

れんしゅう ② ③→

2 は、より なんびき おおいでしょうか。

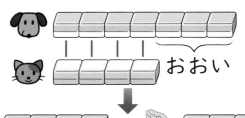

しき ☐ − ☐ = ☐　　こたえ ☐ びき

3 りんご と みかん の かずの ちがいは なんこですか。

しき ☐ − ☐ = ☐

こたえ ☐ こ

ぴったり2
れんしゅう

がくしゅうび 月 日

★ できた もんだいには、「た」を かこう！ ★

でき ① でき ② でき ③ でき ④

きょうかしょ ② 19〜24ページ　こたえ 9ページ

1 ひきざんを しましょう。　きょうかしょ19ページ ①

① 4−0= ☐　　② 0−0= ☐

2 とまと と きゅうり では、どちらが なんこ おおいでしょうか。

きょうかしょ22ページ ③

しき ☐

こたえ ☐ が

☐ こ おおい。

3 あめ と がむ の かずの ちがいは なんこですか。

きょうかしょ23ページ ⑤

しき ☐

こたえ ☐ こ

4 5−2＝3 の しきに なる ひきざんの
おはなしを つくりましょう。

きょうかしょ24ページ ①

ちょうが ☐ ひき います。

とんぼが ☐ ひき います。

かずの ☐ は

3びきです。

ひんと **2・3** 「なんこ おおい」や 「ちがい」も、ひきざんの しきに なります。

ぴったり3 たしかめのテスト

4 のこりは いくつ ちがいは いくつ

じかん 30 ぷん

／100

ごうかく 80 てん

きょうかしょ ② 14〜25 ページ　こたえ　9 ページ

知識・技能　　　　　　　　　　　　　　　　　／60てん

1 えや ぶろっくを みて、しきに かきましょう。

ぜんぶできて　1もん10てん（20てん）

① 8こ

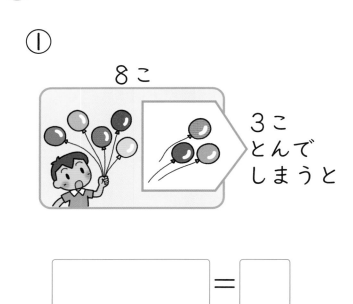

3こ とんで しまうと

☐ = ☐

② 6こ

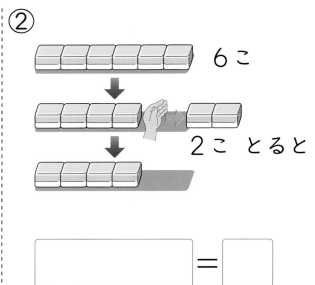

2こ とると

☐ = ☐

2 よくでる ひきざんを しましょう。

1つ5てん（40てん）

① 3−1 = ☐　　② 5−1 = ☐

③ 7−2 = ☐　　④ 8−7 = ☐

⑤ 9−6 = ☐　　⑥ 10−7 = ☐

⑦ 6−6 = ☐　　⑧ 5−0 = ☐

思考・判断・表現　　　　　　　　　　　　　　　　　　　／40てん

3 すずめが　10わ　います。おすの　すずめは
4わです。めすの　すずめは　なんわ　いますか。

しき・こたえ　1つ5てん（10てん）

しき ⬜

こたえ ⬜ わ

4 けえきが　6こ、ぷりんが
8こ　あります。どちらが
なんこ　おおいでしょうか。

しき・こたえ　1つ5てん（10てん）

しき ⬜

こたえ ⬜ が ⬜ こ　おおい。

できたらすごい！

5 しきと　えを　せんで　むすびましょう。　1つ10てん（20てん）

① 4－3 ・

② 7－1 ・

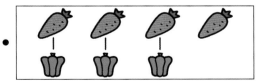

ふろくの「けいさんせんもんドリル」5〜9も　やって　みよう！

ふりかえり **1**が　わからない　ときは、28ページの　**1**に　もどって　かくにんして　みよう。

5 どちらが ながい

どちらが ながい

3分でまとめ

きょうかしょ ② 26〜31 ページ　　こたえ 10 ページ

めあて

長さを直接比べることができるようにします。　　れんしゅう ①→

1 ながい ほうに ○を かきましょう。

①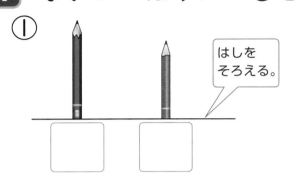

はしを そろえる。

②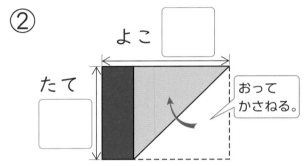

よこ

たて

おって かさねる。

めあて

長さをテープなどに写し取って比べることができるようにします。　　れんしゅう ②→

2 てえぷに ながさを うつしとって、ながさを くらべます。 ながい ほうに ○を かきましょう。

つくえの たかさ

まどの たて

こうすれば くらべられるね。

めあて

単位を決めて、そのいくつ分で長さを比べられるようにします。　　れんしゅう ③→

3 ながさを しらべましょう。

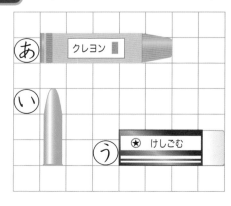

あ クレヨン

い

う ★ けしごむ

あは ますの ５つぶん、

いは ますの 3 つぶん、

うは ますの つぶんの ながさです。

いちばん ながいのは、□ です。

きょうかしょ ② 26〜31 ページ　　こたえ　10 ページ

❶ ながい　ほうに　〇を　かきましょう。　きょうかしょ27ページ **1**

① （　　　）

（　　　）

②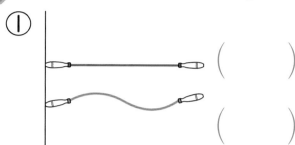

（たて）

（よこ）

たて（　　　）　よこ（　　　）

❷ てえぷに　ながさを　うつしとって、ながさを
くらべます。いちばん　ながいのは、あ、い、うの
どれですか。

きょうかしょ29ページ **2**

あ てれびの　よこ

い ほんだなの　たかさ

う どあの　はば

（　　　）

❸ ながさを　しらべます。

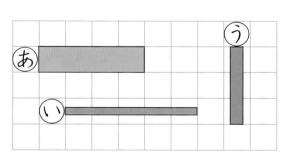

① あ、い、うは、それぞれ
ますの　いくつぶんの
ながさですか。きょうかしょ30ページ **3**

あ（＿＿つぶん）い（＿＿つぶん）う（＿＿つぶん）

② あと　いでは、どちらが　ますの　いくつぶん
ながいでしょうか。

（＿＿の　ほうが　ますの　＿＿つぶん　ながい。

ひんと　❶ ① ぴんと　のばすと　どうなるか　かんがえます。

35

⑤ どちらが ながい

じかん **30** ぷん

／100

ごうかく **80** てん

きょうかしょ ② 26〜31 ページ　こたえ 10 ページ

知識・技能 ／80てん

1 ながい ほうに ○を かきましょう。 1つ10てん(30てん)

① 　　　( )
( )

② 　　　( )
( )

③ 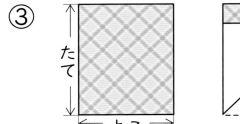 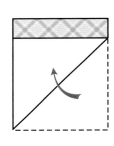　　　たて ( )
よこ ( )

2 ながい じゅんに あ、い、うを かきましょう。

(10てん)

あ

い

う

(____ → ____ → ____)

❸ ながさを　しらべます。

1つ10てん(40てん)

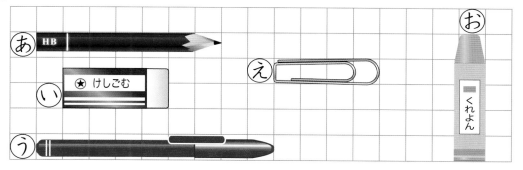

① ⓐは、ますの　いくつぶんの　ながさですか。

（＿＿＿つぶん）

② いちばん　ながいのは、ⓐ、ⓘ、ⓤ、ⓔ、ⓞの
どれですか。

（　　　　）

③ ⓘと　おなじ　ながさなのは、ⓐ、ⓤ、ⓔ、ⓞの
どれですか。

（　　　　）

④ ⓐと　ⓞでは、どちらが　ますの　いくつぶん
ながいでしょうか。

（＿＿＿の　ほうが　ますの　＿＿＿つぶん　ながい。）

思考・判断・表現　　　　　　　　　　　　／20てん

できたらすごい!

❹ みぎの　つくえの　うえに
はみでないように　おける
すいそうは、ⓐ、ⓘ、ⓤの
どれですか。

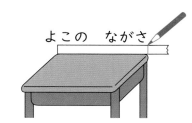

よこの　ながさ

(20てん)

ⓐ　　　　　　　ⓘ　　　　　　　ⓤ

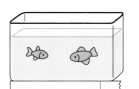 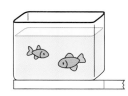 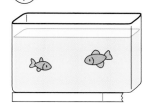

（　　　　）

ふりかえり ❶①が　わからない　ときは、34ページの ❶①に　もどって　かくにんして　みよう。

6　わかりやすく　せいりしよう

わかりやすく せいりしよう

でき
1

きょうかしょ　② 32〜35 ページ　　こたえ　11 ページ

めあて

ものの個数を集合ごとに絵で表して整理し、数の多少を比べられるようにします。　**れんしゅう** 1 →

1 くだものの　かずだけ　いろを　ぬりましょう。

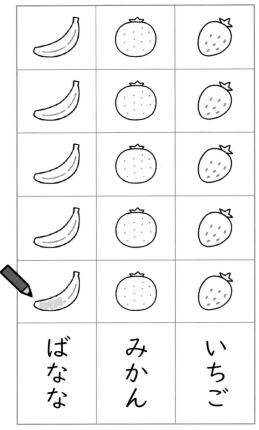

1 うえで　いろを　ぬった　ものを　みて、
こたえましょう。

きょうかしょ32ページ **1**、34ページ **2**

① いちばん　おおい　ものは　どれですか。

（　　　　　　　　　　　　）

② いちばん　すくない　ものは　どれですか。

（　　　　　　　　　　　　）

38　　**ひんと**　ぬった　ものの　長さが　長い　ものは、かずが　おおいです。

⑥ わかりやすく
せいりしよう

じかん 20 ぷん

／100

ごうかく 80 てん

きょうかしょ ② 32〜35 ページ　こたえ 11 ページ

知識・技能　　　　　　　　　　　　　　／100てん

1 かずを　わかりやすく　せいりします。

1つ10てん(100てん)

① おかしの　かずだけ　いろを　ぬりましょう。

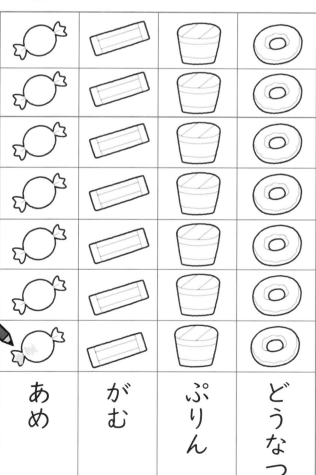

| あめ | がむ | ぷりん | どうなつ |

② いちばん　おおい
ものは　どれですか。

（　　　　　　　）

③ いちばん　すくない
ものは　どれですか。

（　　　　　　　）

④ どうなつと　おなじ
かずの　ものは
どれですか。

（　　　　　　　）

⑤ かずは　いくつですか。

あめ　　　　がむ　　　　ぷりん

□　　　　□　　　　□

じゅんび

3分でまとめ

7 10より　おおきい　かず

（10より　おおきい　かず）

きょうかしょ　② 36〜41 ページ　こたえ　11 ページ

◎ めあて

20 までの数を数えたり、書いたりできるようにします。　れんしゅう 1 2 ➡

1 かずを　かぞえましょう。

①

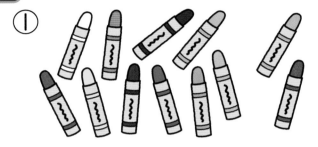

10 と　2で…。

じゅうに
☐

10 と 2

②

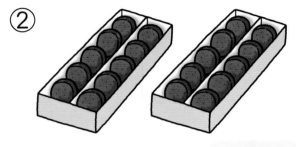

10 と 10
だから…。

にじゅう
☐

10 と 10

◎ めあて

20 までの数を、「10と　いくつ」ととらえられるようにします。　れんしゅう 3 ➡

2 かくれて　いる　かずは　いくつですか。

①

16
10 ☐

16

16 は
10 と
☐
です。

②

18
☐ 8

 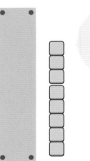

18

18 は
☐ と　8
です。

ぴったり2
れんしゅう

がくしゅうび　　月　　日

★ できた もんだいには、「た」を かこう！★
でき　でき　でき
1　2　3

きょうかしょ　② 36〜41 ページ　こたえ　11 ページ

1　かずを かぞえましょう。
きょうかしょ37ページ 1、39ページ 2

①

②

③

④

10

!まちがいちゅうい

2　いぬは、まえから なんびきめですか。
きょうかしょ40ページ 4

まえ

↑
いぬ

□ ぴきめ

3　□に あう かずを かきましょう。
きょうかしょ41ページ 5

① 10と 1で □

② 10と 4で □

③ 17は 10と □

④ 12は 10と □

⑤ 19は □と 9

⑥ 20は □と 10

ひんと
❶ 20までの かずは、10の まとまりと あと いくつと かぞえます。
10の まとまりを かこんで みましょう。

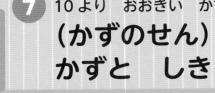

7 10より おおきい かず
（かずのせん）
かずと しき

📖 きょうかしょ ② 42〜45 ページ　✏ こたえ　12 ページ

めあて
数直線（かずのせん）で、20 までの数の並び方がわかるようにします。　れんしゅう ① ② →

1 かずのせんを みて、□に あう かずを
かきましょう。

0 1 2 3 4 5 6 7 8 9 10 11 12 13 14 15 16 17 18 19 20

① かずのせんの はじまりは、□ です。

② かずのせんで、みぎに 1 すすむと、
かずが □ おおきく なります。

③ 11より 2 おおきい かずは
□ です。

④ 15より 3 ちいさい かずは □ です。

めあて
「10 といくつ」をもとに、10＋4 や 14−4 のような計算ができるようにします。　れんしゅう ③ →

2 14 は 10 と 4 です。

① 10 に 4 を たした かず

10＋4＝□

10 と 4 で…。

② 14 から 4 を ひいた かず

14−4＝□

14
□ 4

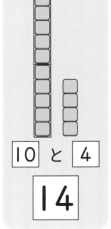

10 と 4

14

★ できた もんだいには、「た」を かこう！★
でき ① でき ② でき ③

きょうかしょ ② 42〜45 ページ　こたえ 12 ページ

1 おおきい ほうに ○を かきましょう。

きょうかしょ42ページ 7

① | 9 | 13 |　② | 20 | 18 |
（　）（　）　（　）（　）

2 □に あう かずを かきましょう。　きょうかしょ42ページ 7

① ― 13 ― □ ― 15　② ― 18 ― 19 ― □ ―

🔍よくみて

③ □ ― 12 ― 14 ― □ ― 18 ―

3 けいさんを しましょう。

きょうかしょ44ページ 1 、45ページ 4

① 10+2 = □　② 10+6 = □

③ 11−1 = □　④ 18−8 = □
6から
3を
ひく。

⑤ 15+3 = □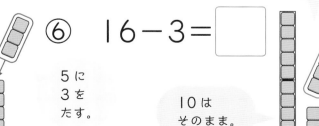
10は
そのまま。

⑥ 16−3 = □
5に
3を
たす。
10は
そのまま。

⑦ 12+7 = □　⑧ 17−4 = □

ひんと ❸「10と いくつ」に わけて かんがえます。
いままでに がくしゅうした たしざんや ひきざんが つかえます。

43

ぴったり 1
じゅんび

7 10より おおきい かず
20より おおきい かず

がくしゅうび　月　日

きょうかしょ ② 46〜47 ページ　こたえ 12 ページ

◎めあて

20より大きい数を数えたり、書いたりできるようにします。

れんしゅう 1 →

1 かずを かぞえましょう。

①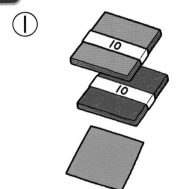

20 と 1
にじゅういち

□

②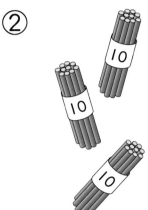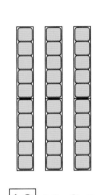

10 が 3こ
さんじゅう

□

③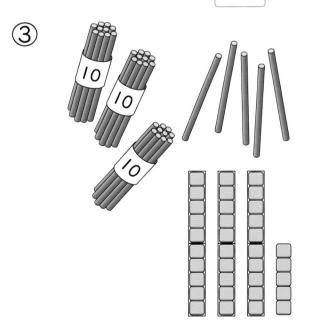

30 と 5
さんじゅうご

□

④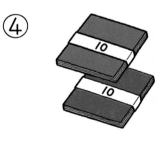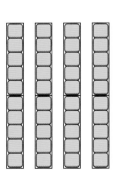

10 が 4こ
よんじゅう

□

★ できた もんだいには、「た」を かこう！★

でき
①

きょうかしょ ② 46〜47 ページ　こたえ　12 ページ

① かずを かぞえましょう。

きょうかしょ46ページ ①

①

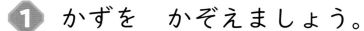

②

④は、10 の
まとまりを
つくろう。

③

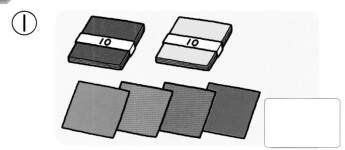

　と　

④

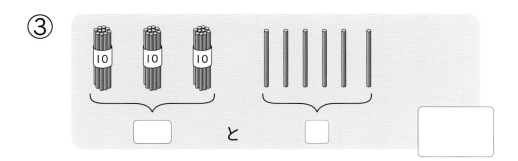

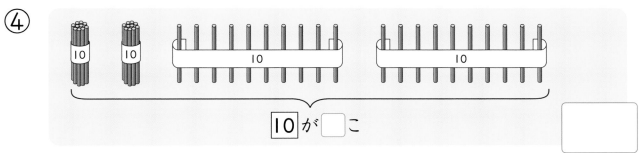

10 が □ こ

ぴったり3
たしかめのテスト

7 10より おおきい かず

じかん 30 ぷん

／100

ごうかく 80 てん

きょうかしょ ② 36〜47ページ　こたえ 13ページ

知識・技能　　　　　　　　　　　　　　　　　　　　　／85てん

1 かずを かぞえましょう。　　　　　　　1つ5てん(10てん)

①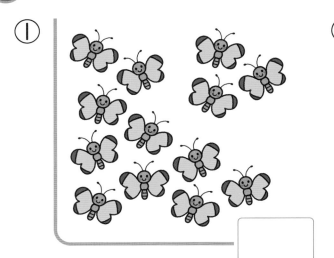

②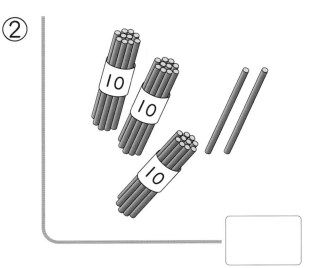

2 □に あう かずを かきましょう。　　1つ5てん(10てん)

① 10と 10で □

② 14は □ と 4

3 おおきい ほうに ○を かきましょう。　1つ5てん(10てん)

①

19　16

(　)　(　)

②

17　20

(　)　(　)

46

4 □に　あう　かずを　かきましょう。　　1つ5てん(15てん)

① 12　14　16　□　□

できたらすごい！

② 17　□　15　14

5 けいさんを　しましょう。　　1つ5てん(40てん)

① 10+3=□　　　② 12-2=□

③ 10+7=□　　　④ 19-9=□

⑤ 14+5=□　　　⑥ 16-4=□

⑦ 17+2=□　　　⑧ 18-7=□

思考・判断・表現　　　　　　　　　／15てん

できたらすごい！

6 かずのせんを　みて　こたえましょう。　　1つ5てん(15てん)

□　　□

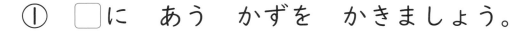

0 1 2 3 4 5 6 7 8 9 10 11 12 13 14 15 16　18 19 20

① □に　あう　かずを　かきましょう。

② □より　3　おおきい　かずは　14 です。
　 □は　いくつですか。

（　　　　）

ふりかえり　❶①が　わからない　ときは、40 ページの　❶に　もどって　かくにんして　みよう。

ふろくの「けいさんせんもんドリル」10〜11も　やって　みよう！

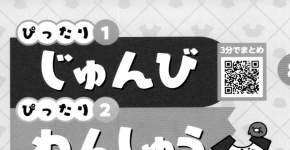

⑧ なんじ　なんじはん

なんじ　なんじはん

でき① でき②

きょうかしょ ② 48〜49 ページ　こたえ 13 ページ

◎めあて

時計を見て、「何時」、「何時半」が読めるようにします。　れんしゅう ① ②→

1 とけいを　よみましょう。

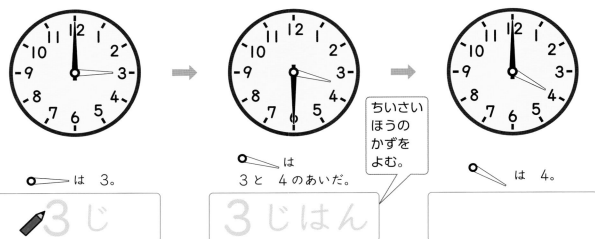

○—→ は　3。

✏ 3 じ

○—→ は
3と　4のあいだ。

3 じはん

ちいさい
ほうの
かずを
よむ。

○—→ は　4。

1 とけいを　よみましょう。　きょうかしょ49ページ 1

① （　　　　　） ② （　　　　　）

2 ながい　はりを　かきましょう。　きょうかしょ49ページ 3

① 5 じ ② 7 じはん

●ひんと
❶ みじかい　はりから　よもう。
② みじかい　はりは　1と　2の　あいだだよ。

ぴったり③ たしかめのテスト

⑧ なんじ なんじはん

きょうかしょ ② 48〜49 ページ　こたえ　13 ページ

知識・技能　　　　　　　　　　　　　　　　　　　　　　　／80てん

1 よくでる **とけいを　よみましょう。**　　1つ20てん（40てん）

① （　　　　　　）　② （　　　　　　）

2 **ながい　はりを　かきましょう。**　　1つ20てん（40てん）

① 1 じ　　　　　　　　　② 6 じはん

思考・判断・表現　　　　　　　　　　　　　　　　　　　／20てん

できたらすごい！

3 **11 じはんの
とけいは
どちらですか。**（20てん）

（　　　　　　）

あ　　　　　　　　　い

きょうかしょ ② 51～53 ページ　　こたえ 14 ページ

めあて

3つの数のたし算ができるようにします。

れんしゅう ❶ ❸ →

1

すずめが
4わ
います。

3わ
とんで
きます。
$4+3=7$

2わ
とんで
きます。
$7+2=9$

すずめは、みんなで
なんわに なりますか。
1つの しきに
かいて、こたえましょう。

しき

$$4 + \boxed{3} + \boxed{2} = \boxed{}$$

4+3＝7＋2＝9 は、
まちがいだよ。

こたえ $\boxed{}$ わ

めあて

3つの数のひき算ができるようにします。

れんしゅう ❷ ❸ →

2

つばめが
6わ
います。

1わ
とんで
いきました。
$6-1=5$

3わ
とんで
いきました。
$5-3=2$

つばめは、なんわ
のこって いますか。
1つの しきに
かいて、こたえましょう。

しき

$$6 - \boxed{} - \boxed{} = \boxed{}$$
　　5

ちいさく かいて おくと いいね。

こたえ $\boxed{}$ わ

50

ぴったり 2
れんしゅう

がくしゅうび

月　　日

★ できた　もんだいには、「た」を　かこう！★

でき ① でき ② でき ③

きょうかしょ ② 51〜53ページ　　こたえ　14ページ

1 ねこが　6ぴき　いました。そこへ　4ひき
きました。あとから　2ひき　きました。
　ねこは、みんなで　なんびきに　なりましたか。
　1つの　しきに　かいて、こたえましょう。

きょうかしょ51ページ **1**

しき [　　　　　　　　　]　　　こたえ [　] ひき

2 こどもが　10にん　います。3にん
かえりました。つぎに　4にん　かえりました。
　こどもは、なんにん　のこって　いますか。
　1つの　しきに　かいて、こたえましょう。

きょうかしょ53ページ **3**

しき [　　　　　　　　　]　　　こたえ [　] にん

3 けいさんを　しましょう。

きょうかしょ52ページ ②、53ページ ④

① 3＋2＋1＝ [　]　　② 5＋3＋2＝ [　]

③ 2＋8＋5＝ [　]　　④ 6＋4＋7＝ [　]

⑤ 8－3－2＝ [　]　　⑥ 9－5－1＝ [　]

⑦ 19－9－4＝ [　]　　⑧ 18－8－5＝ [　]

ひんと　　1・2 ふえたら　たしざん、へったら　ひきざんだね。
　　　　3 はじめの　けいさんの　こたえを　ちいさく　かいて　おこう。

ぴったり 1
じゅんび

がくしゅうび 　月　日

9 3つの　かずの　けいさん
3つの　かずの　けいさん－2

📖 きょうかしょ　②54ページ 　✏️ こたえ　14ページ

◎めあて

3つの数のたし算やひき算の混じった計算ができるようにします。　れんしゅう 1 2 3 →

1

ばすに
おきゃくさんが
7にん
のって　います。

3にん
おりました。
$7-3=4$

5にん
のります。
$4+5=9$

おきゃくさんは、なんにんに　なりますか。
|つの　しきに　かいて、こたえましょう。

しき

$7-\boxed{}+\boxed{}=\boxed{}$

まえから　じゅんに
けいさんするよ。

こたえ　$\boxed{}$にん

きょうかしょ ② 54 ページ　こたえ 14 ページ

📖 よくよんで

1 あめが 9こ あります。5こ たべました。
あとから 4こ もらいました。
　あめは、なんこに なりましたか。　　きょうかしょ54ページ 5

しき ［　　　　　　　　　　］

こたえ ［　］こ

2 いけに かもが 8わ います。2わ きました。
つぎに 5わ いなくなりました。
　かもは、なんわに なりましたか。　　きょうかしょ54ページ 5

しき ［　　　　　　　　　　］

こたえ ［　］わ

3 けいさんを しましょう。　　きょうかしょ54ページ 6・7・8

① 6−4+2= ［　］　　② 10−8+7= ［　］

③ 10−3+1= ［　］　　④ 4+5−3= ［　］

⑤ 3+7−6= ［　］　　⑥ 5+5−9= ［　］

⑦ 1+1+1+1= ［　］　　⑧ 8−2−2−2= ［　］

ひんと
❶ へった あとに ふえて いるよ。
❸ ⑦⑧ 4つの かずの けいさんも まえから じゅんに しよう。

⑨ 3つの かずの けいさん

きょうかしょ ② 51〜54ページ　こたえ 15ページ

知識・技能　　　　　　　　　　　　　　　　　　／50てん

1 けいさんを しましょう。　ぜんぶできて 1もん5てん（10てん）

① かるがもは、みんなで なんわに なりましたか。

4わ います。

2わ きました。

1わ きました。

しき 4＋2＋1＝□　　こたえ □ わ

② くっきいは、なんこ のこって いますか。

7こ あります。

3こ たべました。

2こ たべました。

しき 7－3－2＝□　　こたえ □ こ

2 よくでる けいさんを しましょう。　1つ5てん（40てん）

① 5＋2＋3＝□　　② 9＋1＋6＝□

③ 7－1－5＝□　　④ 14－4－7＝□

⑤ 5－4＋7＝□　　⑥ 10－6＋3＝□

⑦ 3＋6－5＝□　　⑧ 6－2－2－2＝□

思考・判断・表現　　　　　　　　　　　　　　　　　　　／50てん

❸ おはじきを　7こ　もって　います。
3こ　もらいました。あとから　5こ　かいました。
おはじきは、なんこに　なりましたか。

しき・こたえ　1つ10てん（20てん）

しき　[　　　　　　　　]

こたえ　[　]こ

❹ こうえんに　こどもが　10にん　います。
5にん　かえりました。つぎに　4にん　きました。
こどもは、なんにんに　なりましたか。

しき・こたえ　1つ10てん（20てん）

しき　[　　　　　　　　]

こたえ　[　]にん

❺ [4＋2－3]の　しきに　なる　おはなしは、
ⓐと　ⓘの　どちらですか。

(10てん)

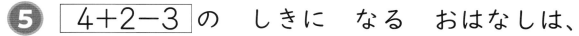

ⓐ

4ほん　あります。　2ほん　あげました。　3ぼん　もらいました。

はなは、
なんぼんに
なりましたか。

ⓘ

4ほん　あります。　2ほん　もらいました。　3ぼん　あげました。

はなは、
なんぼんに
なりましたか。

(　　　　　)

ふりかえり　❶①が　わからない　ときは、50ページの　❶に　もどって　かくにんして　みよう。

ふろくの「けいさんせんもんドリル」12〜14も　やって　みよう！

ぴったり1 じゅんび
ぴったり2 れんしゅう

3分でまとめ

10 どちらが おおい
どちらが おおい

がくしゅうび　月　日

でき 1　でき 2

きょうかしょ ② 55〜58 ページ　こたえ 15 ページ

めあて

単位を決めて、そのいくつ分で水のかさが比べられるようにします。

れんしゅう 2 →

1 あと いに はいって いる みずは、どちらが
どれだけ おおいでしょうか。

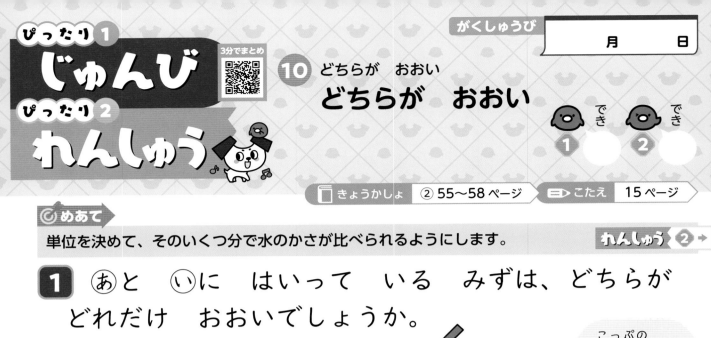

こっぷの
いくつぶんで
あらわそう。

あ　□□□□ □ の 4 はいぶん

い　□□□□□□ □ の □ ぱいぶん

□ の ほうが □ □ はいぶん おおい。

1 おおい ほうに ○を かきましょう。

きょうかしょ56ページ 2

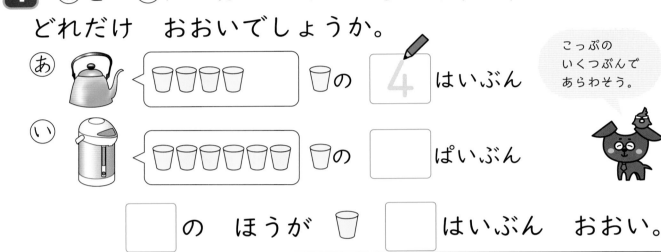

① （　　）　（　　）　② （　　）　（　　）

2 はいる みずが いちばん おおいのは、あ、い、
うの どれですか。

きょうかしょ57ページ 4

あ 　い 　う

（　　）

ひんと

1 ① おなじ おおきさの いれものだよ。
② ちがう おおきさの いれものに、おなじ たかさまで はいって いるね。

ぴったり③
たしかめのテスト

⑩ どちらが　おおい

じかん **20** ぷん

／100

ごうかく **80** てん

📖 きょうかしょ　② 55〜58 ページ　✏ こたえ　15 ページ

知識・技能　　　　　　　　　　　　　　　　　　　　／60てん

1 はいる　みずが　おおい　ほうに　○を
かきましょう。

1つ20てん(40てん)

あ　(　　　)

い　(　　　)

う　(　　　)

え　(　　　)

2 あと　いに　はいって　いる　みずは、どちらが
どれだけ　おおいでしょうか。

(20てん)

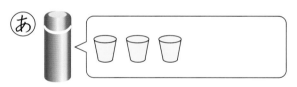

(　　　　の　ほうが　🥛　　　　ばいぶん　おおい。)

思考・判断・表現　　　　　　　　　　　　　　　　　／40てん

できたらすごい！

3 はいって　いる　みずは、あの　ほうが　おおいと
いえますか。わけも　かきましょう。

1つ20てん(40てん)

いえるか、いえないか。	わけ

57

ぴったり① じゅんび

⑪ たしざん
たしざん

3分でまとめ

📖 きょうかしょ　② 60〜69 ページ　✏ こたえ　16 ページ

◎ めあて

繰り上がりのあるたし算（9＋5）ができるようにします。　れんしゅう ❶ ❹➡

1 9＋5の　けいさんの　しかたを　しらべましょう。

❶ 9は　あと　1で　10。

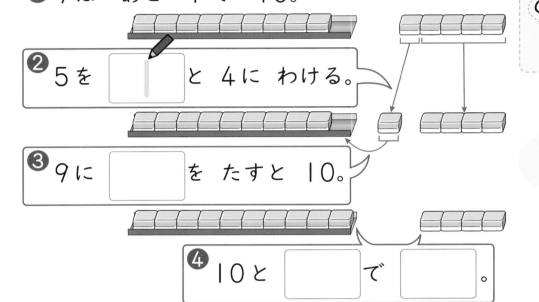

❷ 5を　◻　と　4に　わける。

❸ 9に　◻　を　たすと　10。

❹ 10と　◻　で　◻　。

10の　まとまりを
つくるんだね。

◎ めあて

繰り上がりのあるたし算（3＋8）ができるようにします。　れんしゅう ❷ ❸ ❹➡

2 3＋8の　けいさんの　しかたを　しらべましょう。

❶ 8は　あと　2で　10。

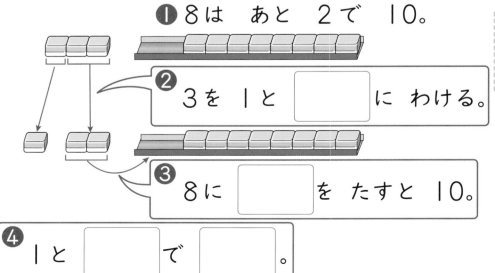

❷ 3を　1と　◻　に　わける。

❸ 8に　◻　を　たすと　10。

❹ 1と　◻　で　◻　。

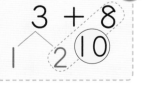

どちらを
10に
しても
いいね。

ぴったり2 れんしゅう

★ できた　もんだいには、「た」を　かこう！★

でき① でき② でき③ でき④

きょうかしょ　② 60～69 ページ　こたえ　16 ページ

1 けいさんを　しましょう。

きょうかしょ61ページ **1**、64ページ **3**

① 9＋3＝ ☐

② 8＋5＝ ☐

③ 7＋4＝ ☐

④ 8＋7＝ ☐

2 けいさんを　しましょう。

きょうかしょ66ページ **8**

① 2＋9＝ ☐

② 4＋8＝ ☐

③ 6＋8＝ ☐

④ 5＋6＝ ☐

📖 よくよんで

3 おとなが　7にん　います。
こどもが　6にん　います。
　ひとは、みんなで　なんにん　いますか。

きょうかしょ66ページ **8**

しき ☐　　　　　こたえ ☐ にん

4 おなじ　こたえの　かあどを、せんで
むすびましょう。

きょうかしょ68ページ

| 9＋7 | 5＋8 | 7＋8 | 5＋9 |

・　　・　　・　　・

・　　・　　・　　・

| 9＋4 | 8＋8 | 7＋7 | 6＋9 |

ひんと　まず、10の　まとまりを　つくる　ことを　かんがえよう。
10の　まとまりと　のこりの　かずを　あわせて　こたえよう。

⑪ たしざん

きょうかしょ ② 60〜70ページ　　こたえ 16ページ

知識・技能　　　　　　　　　　　　　　　　　／70てん

1 □に あう かずを かきましょう。　　1つ5てん（30てん）

① 8＋6

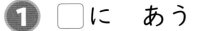

$$8＋6$$
$$2 \quad 4$$

❶ 8は あと 2で 10。

❷ 6を □ と 4に わける。

❸ 8に □ を たすと 10。

❹ 10と □ で 14。

② 3＋9

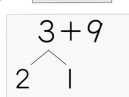

$$3＋9$$
$$2 \quad 1$$

❶ 9は あと 1で 10。

❷ 3を 2と □ に わける。

❸ 9に □ を たすと 10。

❹ □ と 10で 12。

2 よくでる けいさんを しましょう。　　1つ5てん（40てん）

① 6＋5＝□　　　② 9＋6＝□

③ 7＋9＝□　　　④ 6＋7＝□

⑤ 8＋9＝□　　　⑥ 4＋9＝□

⑦ 8＋3＝□　　　⑧ 5＋7＝□

思考・判断・表現
／30てん

3 よくでる そらさんは、きのう　つるを　6わ、
きょう　9わ　おりました。
　あわせて　なんわ　おりましたか。
しき・こたえ　1つ5てん（10てん）

しき [   ]

こたえ （　　　　　　　　　）

4 よくでる きんぎょを　8ひき　かって　います。
4ひき　もらいました。
　きんぎょは、ぜんぶで　なんびきに　なりましたか。
しき・こたえ　1つ5てん（10てん）

しき [   ]

こたえ （　　　　　　　　　）

できたらすごい！

5 したのような　9まいの　かあどを　つかって、
（れい）のように、こたえが　15に　なる
たしざんの　しきを、2つ　つくりましょう。

| 1 | 2 | 3 | 4 | 5 | 6 | 7 | 8 | 9 |

（れい） 8 ＋ 7 ＝15

ぜんぶできて　1もん5てん（10てん）

① [　　] ＋ [　　] ＝15　　② [　　] ＋ [　　] ＝15

ふりかえり ❶①が　わからない　ときは、58ページの　❶に　もどって　かくにんして　みよう。

ふろくの「けいさんせんもんドリル」15〜21も　やって　みよう！

ぴったり1 じゅんび

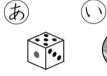 **12** かたちあそび
かたちあそび

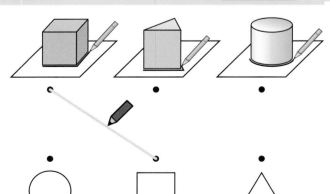

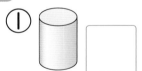 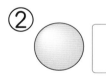 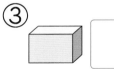 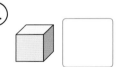

立体図形の特徴をとらえ、仲間分けできるようにします。　れんしゅう ①②

1 みぎの ⓐから ⓚの かたちを、つぎの 4つの かたちの なかまに わけましょう。

① つつの かたち　② ぼうるの かたち　③ はこの かたち　④ さいころの かたち

2 ころがる かたちに ○を かきましょう。

めあて
立体図形を構成している面の形がわかるようにします。　れんしゅう ③

3 つみきを つかって かみに かたちを うつしました。うつした かたちを せんで むすびましょう。

きょうかしょ ② 72〜75 ページ　こたえ 17 ページ

1 おなじ かたちの なかまを せんで むすびましょう。

きょうかしょ74ページ **2**

 ・　 ・　 ・　 ・

 ・　 ・　 ・　 ・

さいころの
かたちは
どこも
ましかくだね。

🔍 **よくみて**

2 たかく つめる かたちは、あ、い、う、え、おの どれですか。ぜんぶ えらびましょう。　きょうかしょ74ページ **2**

あ 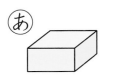　い 　う 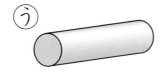　え 　お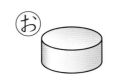

(　　　　　　　　　　　　　　)

3  を つかって かたちを うつします。 かけない かたちは、あ、い、う、え、おの

どれですか。2つ えらびましょう。　きょうかしょ75ページ **4**

あ 　い 　う 　え 　お

　　　　(　　　) と (　　　)

😊 **ひんと**　**2** かたちには たいらな ところと まるい ところが あるね。
たいらな ところが ある かたちは つむ ことが できるよ。

63

⑫ かたちあそび

じかん **30** ぷん

／100

ごうかく **80** てん

きょうかしょ ② 72〜75 ページ　こたえ 17 ページ

知識・技能 ／50てん

1 よくでる おなじ　かたちの　なかまを　せんで　むすびましょう。

1つ5てん（20てん）

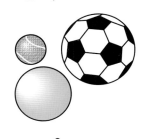　　　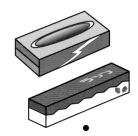

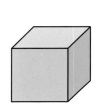　　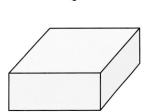　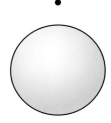

2 うつした　かたちを　せんで　むすびましょう。

1つ10てん（30てん）

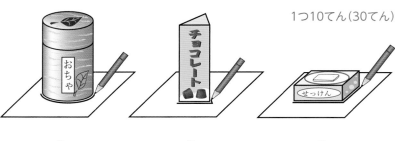

思考・判断・表現

／50てん

3 ⓐ、ⓘ、ⓤの　つみきを
つかって、みぎの　えを
かきました。

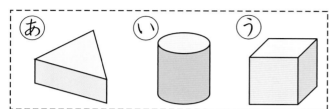

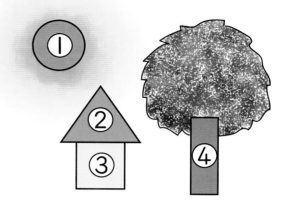

　えの　なかの　①、②、③、④の　かたちは、
ⓐ、ⓘ、ⓤの　どの　つみきを　つかって
かきましたか。

1つ5てん(20てん)

①（　　　）　　②（　　　）　　③（　　　）　　④（　　　）

できたらすごい!

4 けんさんは、みのまわりに　ある　かたちを、
2つの　なかまに　わけました。

1つ15てん(30てん)

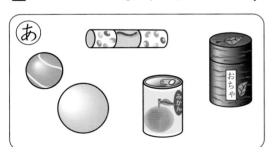

① どのように　わけましたか。

② みぎの　かたちは、ⓐ、ⓘの
どちらの　なかまですか。

（　　　）

ふりかえり **1**が　わからない　ときは、62ページの　**1**に　もどって　かくにんして　みよう。

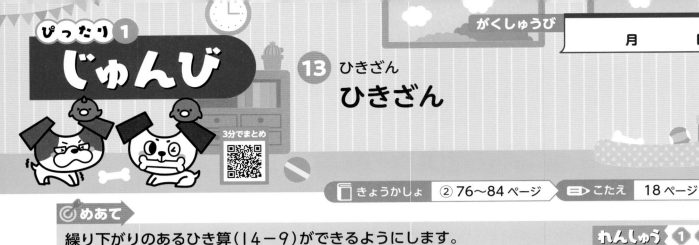

ぴったり 1
じゅんび

13 ひきざん
ひきざん

3分でまとめ

がくしゅうび
月　日

きょうかしょ ② 76〜84 ページ　こたえ 18 ページ

めあて
繰り下がりのあるひき算(14−9)ができるようにします。　れんしゅう ① ④➡

1 14−9の けいさんの しかたを しらべましょう。

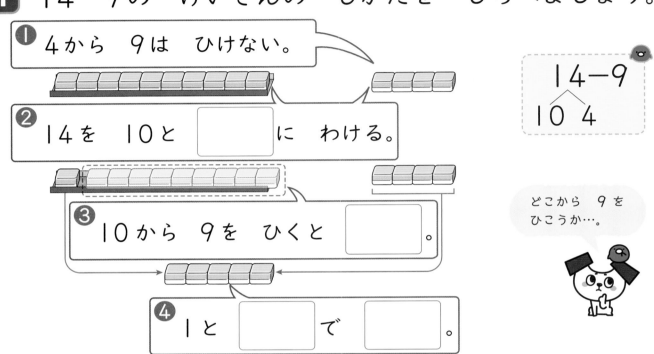

① 4から 9は ひけない。

② 14を 10と ☐ に わける。

③ 10から 9を ひくと ☐。

④ 1と ☐ で ☐。

14−9
10　4

どこから 9を
ひこうか…。

めあて
繰り下がりのあるひき算(13−4)ができるようにします。　れんしゅう ② ③ ④➡

2 13−4の けいさんの しかたを しらべましょう。

① 3から 4は ひけない。

② 13から ばらの ☐ を ひくと ☐。

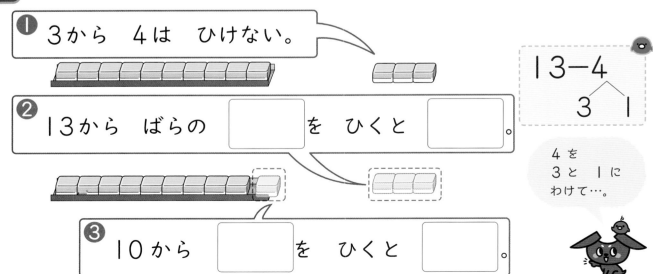

③ 10から ☐ を ひくと ☐。

13−4
3　1

4を
3と 1に
わけて…。

きょうかしょ　② 76〜84 ページ　　こたえ　18 ページ

1 けいさんを　しましょう。

きょうかしょ77ページ **1**、79ページ **3**

① 11−8=☐　　② 12−7=☐

③ 13−9=☐　　④ 14−8=☐

2 けいさんを　しましょう。

きょうかしょ81ページ **8**

① 14−5=☐　　② 11−3=☐

③ 12−4=☐　　④ 13−5=☐

3 いぬが　11ぴき、ねこが　4ひき　います。
いぬは、ねこより　なんびき　おおいでしょうか。

きょうかしょ81ページ **8**

しき ☐　　　　こたえ ☐ ひき

4 おなじ　こたえの　かあどを、せんで
むすびましょう。

きょうかしょ83ページ

14−6	15−9	16−9	11−7

15−8	13−7	12−8	15−7

ひんと　「10 いくつ」の　かずを、「10と　いくつ」に　わけて　かんがえよう。

ぴったり3
たしかめのテスト

⑬ ひきざん

じかん 30 ぷん
／100
ごうかく 80 てん

きょうかしょ ② 76〜85 ページ　　こたえ　18 ページ

知識・技能　　　　　　　　　　　　　　　　　　　／70てん

1 に　あう　かずを　かきましょう。　　1つ5てん(30てん)

① 13−8

13−8
＾
10 3

❶ 3 から　8 は　ひけない。

❷ 13 を □ と　3 に　わける。

❸ □ から　8 を　ひいて　2。

❹ 2 と □ で　5。

② 12−3

12−3
＾
2 1

❶ 2 から　3 は　ひけない。

❷ 3 を □ と　1 に　わける。

❸ 12 から □ を　ひいて　10。

❹ 10 から □ を　ひいて　9。

2 よくでる けいさんを　しましょう。　　1つ5てん(40てん)

① 17−8＝ □　　　　② 12−5＝ □

③ 13−6＝ □　　　　④ 11−6＝ □

⑤ 14−9＝ □　　　　⑥ 16−7＝ □

⑦ 18−9＝ □　　　　⑧ 11−9＝ □

思考・判断・表現　　　　　　　　　　　　　　　　　　　／30てん

③ よくでる かきが 12こ あります。9こ あげると、のこりは なんこに なりますか。

しき・こたえ　1つ5てん（10てん）

しき

こたえ（　　　　　）

④ きりんが 6とう、しまうまが 15とう います。どちらが なんとう おおいでしょうか。

しき・こたえ　1つ5てん（10てん）

しき

こたえ　　　　　　が　　　とう おおい。

できたらすごい！

⑤ えを みて、11－5の しきに なる もんだいを、「ねこが」に つづけて かきましょう。

（10てん）

ねこが

ふりかえり　1①が わからない ときは、66ページの 1に もどって かくにんして みよう。

どんな　けいさんに　なるのかな？

きょうかしょ　②86〜87ページ　こたえ　19ページ

1. ぞうの　いけ
2. うさぎの　ひろば
3. ぱんだの　はやし
4. きりんの　はらっぱ

どうぶつえん

1 いけに 5とう くると、みずあびを して いる
ぞうは なんとうに なりますか。

しき

いま、いけに
なんとう
いるかな？

こたえ（　　　　　　　）

2 うさぎは ぜんぶで 16ぴき います。こやの
なかには、なんびき いますか。

しき

こやの そとに、
なんびき
いるかな？

こたえ（　　　　　　　）

3 ささを もって いる ぱんだと もって いない
ぱんだでは、どちらが なんとう おおいでしょうか。
しき

こたえ（ ささを ＿＿＿＿＿＿＿＿＿＿ ぱんだが、

＿＿ とう おおい。 ）

4 おとなと こどもを あわせると、きりんは
みんなで なんとうに なりますか。
しき

えを みて、
ほかの もんだいも
つくって みよう。

こたえ（　　　　　　）

71

けいさん ぴらみっど

きょうかしょ ② 88〜89 ページ　こたえ 19 ページ

つぎの やくそくに したがって かずを いれます。

〈やくそく〉
となりどうしの
かずを たします。
こたえは、うえの
ますに かきます。

2+1で
3を かくよ。

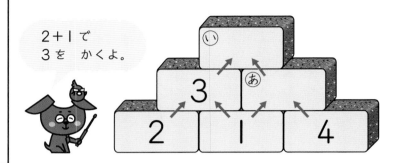

⭐1 □に あう かずを かきましょう。

① となりどうしの かずを たして、うえの
ますに こたえを かくから、ⓐに はいる
かずは、1+4=□ で、□ です。

② ⓘに はいる かずは、
3+□＝□ で、□ です。
ⓐに はいる かず

⭐2 □に あう かずを かきましょう。

① 2と ⓐに はいる
かずを たすと 6。
2+ⓐ□＝6 だから、
ⓐ□は □ です。

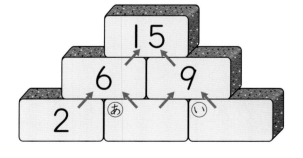

② ⓐと ⓘに はいる かずを たすと 9。
ⓐ□＋ⓘ□＝9 だから、ⓘ□は □ です。

3 ますに あてはまる かずを かきましょう。

①

②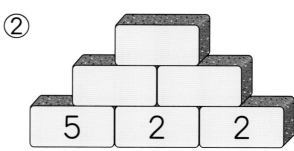

③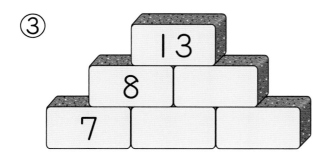

④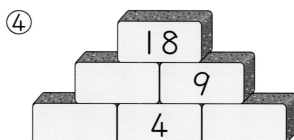

⑤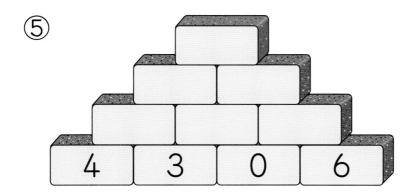

⑥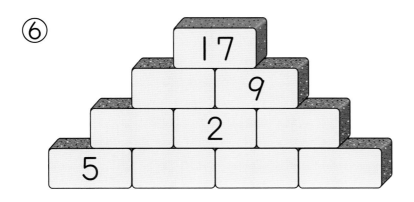

この ほんの おわりに ある 「ふゆの チャレンジテスト」を やって みよう！

きょうかしょ ② 91〜96 ページ　こたえ 20 ページ

◎めあて

20より大きい数を数えたり、書いたりできるようにします。

れんしゅう ①→

1 かずを かぞえましょう。

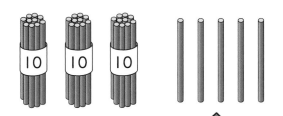

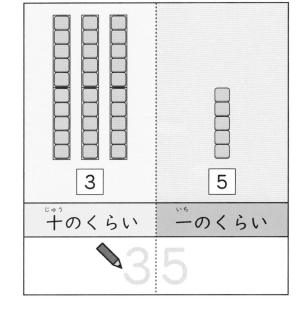

10が 3こで 30 。

30と 5で [　さんじゅうご　] です。

◎めあて

2けたの数の構成を理解します。

れんしゅう ②→

2 □に あう かずを かきましょう。

▶ 57を あらわします。

① 57は、10が [ ] ことと 1が [ ] こ

② 57は、十のくらいが [ ]、一のくらいが [ ]

▶ 60を あらわします。

③ 60は、10が [ ] こ

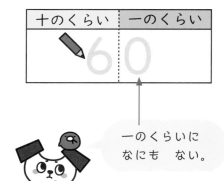

十のくらい｜一のくらい
60

④ 60は、十のくらいが [ ]、

一のくらいが [ ]

一のくらいに
なにも ない。

★ できた もんだいには、「た」を かこう！★

📖 きょうかしょ　② 91〜96 ページ　✏ こたえ　20 ページ

1 かずを かぞえましょう。　きょうかしょ91ページ **1**、92ページ **2**

①

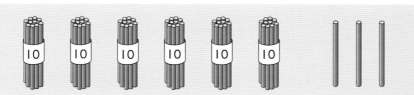

②

2 □に あう かずを かきましょう。　きょうかしょ96ページ **5**

① 10 が 8 こで □ 、1 が 9 こで □ 、

80 と 9 で □

② 10 が 4 こで □

③ 74 は、10 が □ こと 1 が □ こ

④ 30 は、10 が □ こ

⑤ 十のくらいが 5、一のくらいが 1の

かずは □

⑥ 90 の 十のくらいの すうじは □ 、

一のくらいの すうじは □

😊ひんと　**1** おおきい かずは、10の まとまりが なんこと、ばらが なんこで かぞえよう。
おおきい かずは、十のくらいと 一のくらいに すうじを かいて あらわすよ。

75

14 おおきい かず

99より おおきい かず
（かずの ならびかた）（かずのせん）

きょうかしょ ② 97〜100ページ　　こたえ 20ページ

めあて

100という数がわかるようにします。　　　れんしゅう ①→

1 かずを かぞえましょう。

10の まとまりが 10こだよ。

ひゃく
百

① 10が 10こで、百と いい、□と かきます。

② 100は、99より □ おおきい かずです。

めあて

数直線（かずのせん）で、100までの数の並び方がわかるようにします。　れんしゅう ② ③ ④→

2 かずのせんを みて、□に あう かずを かきましょう。

0　10　20　30　40　50　60　70　80　90　100

みぎへ いくと、かずが おおきく なるよ。

40より □ おおきい。

70より □ ちいさい。

90より □ おおきい。

3 □に あう かずを かきましょう。

① 45より 3 おおきい かずは □

② 87より 4 ちいさい かずは □

かずのせんで かんがえよう。

きょうかしょ ② 97〜100ページ　こたえ 20ページ

1 かずを かぞえましょう。

きょうかしょ97ページ 1

2 かずのせんを つかって しらべましょう。

きょうかしょ100ページ 5

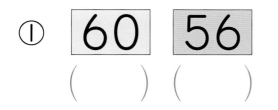

① 59より 4 おおきい かず　　　　（　　　）

② 71より 2 ちいさい かず　　　　（　　　）

3 おおきい ほうに ○を かきましょう。

きょうかしょ100ページ 5

① **60** **56** ② **78** **87**
　（　　）（　　）　　（　　）（　　）

4 □に あう かずを かきましょう。

きょうかしょ100ページ 5

① 94 95 ☐ ☐ 98 99 ☐

② ☐ 50 60 70 80 ☐ ☐

!まちがいちゅうい

③ 100 ☐ 90 85 ☐ 75 70

ひんと　② かずのせんは、みぎに いくと おおきく、ひだりに いくと ちいさく なるよ。
１めもりの おおきさは １だよ。

77

14 おおきい　かず
100より　おおきい　かず

きょうかしょ　② 101ページ　こたえ　21ページ

◎めあて
100をこえる数の数え方、表し方がわかるようにします。　れんしゅう 1 2 →

1 かずを　かぞえましょう。

①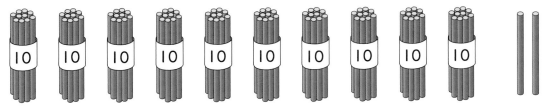

100と　2で　ひゃくにと　いい、

 102 と　かきます。

ひゃくに は、
1002 とは
かきません。

②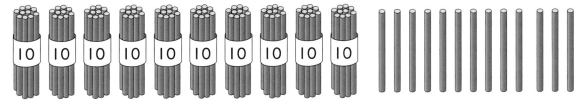

100と　13で　ひゃくじゅうさんと　いい、

　　　　と　かきます。

◎めあて
100をこえる数の系列がわかるようにします。　れんしゅう 3 →

2 □に　あう　かずを　かきましょう。

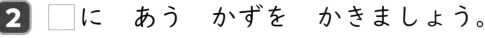

① — 99 — ⬚ — 101 — 102 — ⬚ —

② 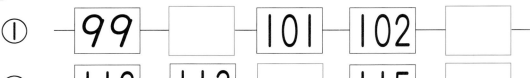 — 112 — 113 — ⬚ — 115 — ⬚ —

③  — 119 — 120 — ⬚ — 122

ぴったり2
れんしゅう

がくしゅうび
月　日

★ できた もんだいには、「た」を かこう！★
でき ① でき ② でき ③

きょうかしょ ② 101 ページ　こたえ　21 ページ

1 かずを かぞえましょう。
きょうかしょ101ページ 1

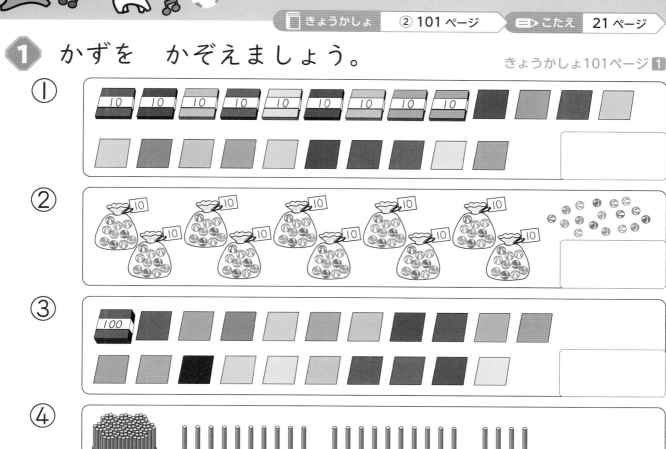

① ②

③

④

2 かずを すうじで かきましょう。 きょうかしょ101ページ 1

① ひゃくいち（　　　　　）　② ひゃくじゅう（　　　　　）

🔍 よくみて

3 □ に あう かずを かきましょう。 きょうかしょ101ページ 1

① ─ 107 ─ □ ─ □ ─ 110 ─ 111 ─

② ─ 118 ─ □ ─ 120 ─ 121 ─ □ ─

ひんと　100より おおきい かずは、「100と いくつ」に わけて かんがえよう。

14 おおきい　かず
かずと　しき

3分でまとめ

📖 きょうかしょ　② 102〜104 ページ　🖋 こたえ　21 ページ

🎯 めあて
「何十といくつ」をもとに、計算ができるようにします。　れんしゅう ①②→

1 45 は　40 と　5 です。

① 40 に　5 を　たした　かず

40＋5＝□

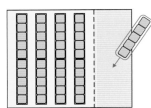

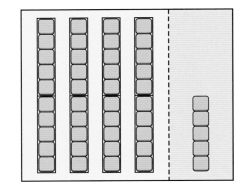

② 45 から　5 を　ひいた　かず

45−5＝□

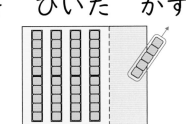

45
40　5

🎯 めあて
「10の束がいくつ」をもとに、計算ができるようにします。　れんしゅう ③→

2 けいさんの　しかたを　かんがえましょう。

① 20＋30

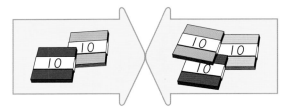

10の　たばが
2こと　3こで　□こ。

20＋30＝□

② 40−20

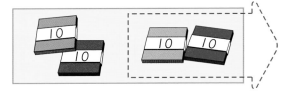

10の　たば　4こから
2こを　ひいて　□こ。

40−20＝□

📖 きょうかしょ ② 102〜104 ページ　✏ こたえ 21 ページ

1 けいさんを しましょう。
きょうかしょ102ページ **1**

① 30＋8 = ☐　　② 60＋9 = ☐

③ 57−7 = ☐　　④ 92−2 = ☐

2 けいさんを しましょう。
きょうかしょ103ページ **4**

① 24＋2 = ☐　　④ 27−2 = ☐

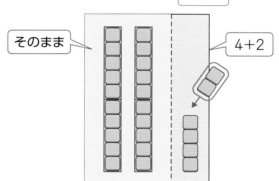

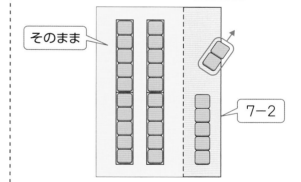

② 55＋3 = ☐　　⑤ 76−3 = ☐

③ 62＋7 = ☐　　⑥ 97−4 = ☐

3 けいさんを しましょう。
きょうかしょ104ページ **6**・**7**

① 30＋40 = ☐　　② 70＋30 = ☐

③ 80−50 = ☐　　④ 100−60 = ☐

🐶ひんと　**2** 「なんじゅうと いくつ」に わけて かんがえよう。
いままでに がくしゅうした けいさんが つかえるよ。

81

⑭ おおきい かず

きょうかしょ ② 91〜105 ページ　こたえ　22 ページ

知識・技能 ／80てん

1 かずを かぞえましょう。　1つ5てん(10てん)

①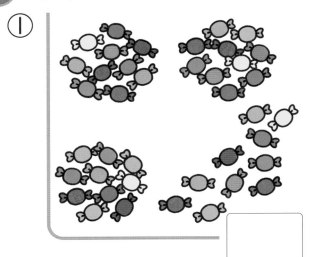

②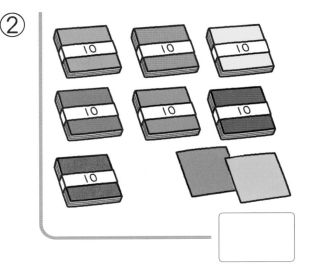

2 よくでる □に あう かずを かきましょう。

③、④はぜんぶできて　1もん5てん(20てん)

① 10が 9こと、1が 6こで □

② 10が 10こで □

③ 35は、10が □こと 1が □こ

④ 84の 十のくらいの すうじは □、

一のくらいの すうじは □

3 おおきい ほうに ○を かきましょう。　1つ5てん(10てん)

① 79　83
　（　　）（　　）

② 95　111
　（　　）（　　）

4 したの　かずのせんで、⑥、①の　めもりが
あらわす　かずは　いくつですか。

1つ5てん（10てん）

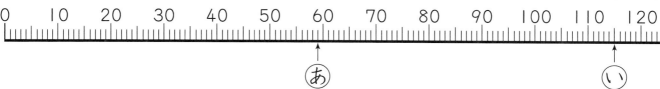

⑥　（　　　　　　）　　　　　①　（　　　　　　）

5 よくでる　けいさんを　しましょう。

1つ5てん（30てん）

① 70＋2＝ □

② 46－6＝ □

③ 34＋5＝ □

④ 85－2＝ □

⑤ 60＋20＝ □

⑥ 100－50＝ □

思考・判断・表現　　　　　　　　　　　　　　／20てん

できたらすごい！

6 ／ならびかた しらべ／を　みて、
こたえましょう。

1つ10てん（20てん）

ならびかた しらべ

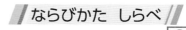

① ⑥ 8 の　れつの　かずは、
どんな　ならびかたですか。

② ① の　まんなかの　①の　かずは
いくつですか。

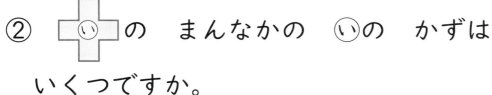

（　　　　　　）

ふろくの「けいさんせんもんドリル」29〜32 も やって みよう！

ふりかえり　①が　わからない　ときは、74ページの　①に　もどって　かくにんして　みよう。

⑮ どちらが ひろい
どちらが ひろい

📖 きょうかしょ ② 106〜107 ページ　　📝 こたえ　22 ページ

◎ めあて
単位を決めて、そのいくつ分で広さが比べられるようにします。

れんしゅう ②→

1 どちらが どれだけ ひろいでしょうか。

あ　□ の
12 こぶん

い　□ の
□ こぶん

こたえ □ の ほうが □ の □ こぶん ひろい。

① ひろい ほうに ○を かきましょう。

きょうかしょ106ページ 1

あ じゆうちょう　　い えほん　かさねる　じゆうちょう えほん

（　）　　　（　）

はしを きちんと そろえる。

2 じんとりあそびを しました。
どちらの かちですか。

きょうかしょ107ページ 3

あや　　　ひろむ

▶ あやさん…□ ます　　▶ ひろむさん…□ ます

ひろい ほうが かち。

こたえ □ さんの かち。

ひんと
1 じゆうちょうは はみだして いるね。
2 ひろさを ますの かずで くらべよう。

⑮ どちらが ひろい

きょうかしょ ② 106〜107 ページ　こたえ 22 ページ

じかん **30** ぷん

／100

ごうかく **80** てん

知識・技能　／70てん

1 よくでる ひろい ほうに ○を かきましょう。

1つ20てん(40てん)

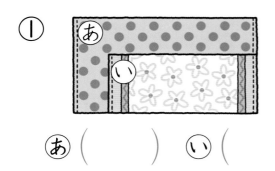

① あ（　　　）　い（　　　）

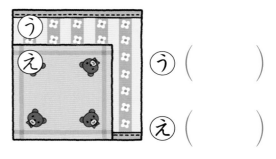

② う（　　　）

え（　　　）

2 よくでる ひろい じゅんに あ、い、う を かきましょう。

(30てん)

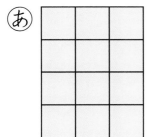

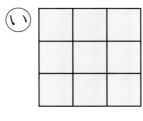

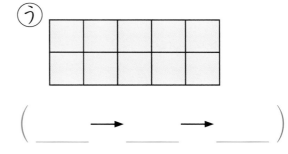

（　　　 → 　　　 → 　　　）

思考・判断・表現　／30てん

できたらすごい！

3 よくでる じんとりあそびを して います。それぞれ あと なんます ぬると、ひきわけに なりますか。

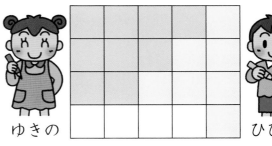

ゆきの　　　　ひびと

ぜんぶできて 30てん

▶ ゆきのさん
（　　　 ます）

▶ ひびとさん
（　　　 ます）

ぴったり **1** **じゅんび**
3分でまとめ
ぴったり **2** **れんしゅう**

16 なんじなんぷん
なんじなんぷん

がくしゅうび
月　　日

でき
1

きょうかしょ　② 108〜110 ページ　　こたえ　23 ページ

◎ **めあて**

時計を見て、「何時何分」が読めるようにします。

れんしゅう ①→

1 みじかい　はりで、なんじかを　よみます。

| めもり | ぷん。

3じと　4じの
あいだは
3じなんぷん。

4じの
つぎだから…。

3じ　　　**3じ30ぷん**　　　**4じ**　　　**4じ|ぷん**

2 ながい　はりで、
なんぷんかを　よみます。
なんぷんと　よむか、
□に　すうじを
かきましょう。

とけいの　もじばんの
すうじは、「なんじ」を
あらわして　いるんだね。

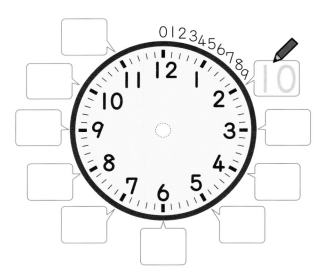

1 とけいを　よみましょう。

きょうかしょ108ページ**1**、110ページ**3**

①

（　　じ　　ふん）

②

（　　じ　　ふん）

ひんと　**1** ながい　はりを　よむ　ときは、もじばんの　すうじ　1、2、3、…は
5 ふん、10 ぷん、15 ふん、…だね。

じかん 20 ぷん

／100

ごうかく 80 てん

📖 きょうかしょ ② 108〜110 ページ　　➡ こたえ　23 ページ

知識・技能　　　　　　　　　　　　　　　　　　　　　／80てん

1 よくでる とけいを よみましょう。　　1つ20てん(40てん)

① 　　　　（＿＿ じ ＿＿ ぷん）

② 　　　　（＿＿ じ ＿＿ ぷん）

2 ながい はりを かきましょう。　　1つ20てん(40てん)

① ３じ１０ぷん　　　　② ７じ４５ふん

思考・判断・表現　　　　　　　　　　　　　　　　　　／20てん

できたらすごい！

3 とけいの よみかたを
まちがって います。
ただしく よみましょう。
（20てん）

９じ８ぷん
です。

（＿＿ じ ＿＿ ぷん）

ビルを　つくろう

きょうかしょ　②111ページ　こたえ　23ページ

いろいた □を　つかって　ビルを
つくりましょう。
　したの　やくそくを　よんで　ビルを　つくります。

〈やくそく〉

❶ しかくの　ビルを　つくる。

❷ いろいた　｜まいを　｜つの　へやに
する。

❸ ぜんぶの　いろいたを　つかう。

❹ いろいたは、くっつけて　ならべる。

　9まいの　いろいたを
つかうと、みぎのような
ビルが　できます。

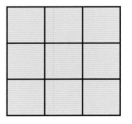

｜つの　かいに　3へや
ある、3かいだての
ビルが　できます。
しきに　かくと、
3＋3＋3＝9　です。

3かい
3へや

⭐1 10 まいの いろいたで ビルを つくります。

□に あう かずを かきましょう。

① ゆきさんは、1つの

かいに 5へや ある

□かいだての ビルを

つくりました。

しきに かくと、5+□=□ です。

② けんたさんは、1つの かいに

2へや ある □かいだての

ビルを つくりました。

しきに かくと、

2+2+□+□+□=□ です。

⭐2 12 まいの いろいたで ビルを 2つ

つくりましょう。

それぞれ しきに かきましょう。

しき [   ]   しき [   ]

ぴったり1 じゅんび

17 たしざんと ひきざん
(たしざんと ひきざん)

めあて
順番を表す数も、集合を表す数に置き換えると計算ができることを理解します。　れんしゅう 1→

1 さゆなさんは、まえから 4 ばんめに います。
さゆなさんの うしろに 5 にん います。
みんなで なんにん いますか。

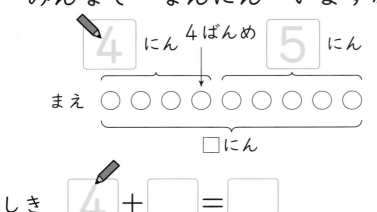

まえから
4 ばんめまでに
4 にん いるね。

しき 4 + □ = □　　　こたえ □ にん

めあて
異種の数量も、同種の数量に置き換えると計算ができることを理解します。　れんしゅう 2→

2 8 にんが ジュースを 1 ぽんずつ のみます。
ジュースは、あと 6 ぽん あります。
ジュースは、ぜんぶで なんぼん ありますか。

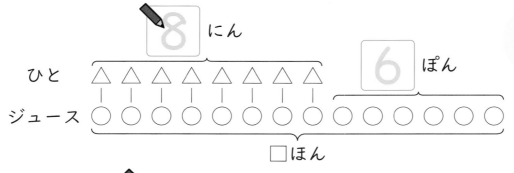

8 にんが
のむ ジュースは
8 ほんだね。

しき 8 + □ = □　　　こたえ □ ほん

きょうかしょ ② 112〜115ページ　こたえ 24ページ

📖 よくよんで

1 こどもが 10にん ならんで います。
だいちさんは、まえから 7ばんめに います。
　だいちさんの うしろには、なんにん いますか。

きょうかしょ113ページ 2

10にん

まえ ○○○○○○○○○○

ずの つづきを
かこう。

だいちさんまでに
なんにん いるのかな。

しき

こたえ ▢ にん

2 いすが 5こ あります。9にんが 1こずつに
すわります。
　いすに すわれない ひとは なんにんですか。

きょうかしょ115ページ 4

5こ

いす △△△△△

ひと ○○○○○○○○○

ずの つづきを
かこう。

△と ○を
せんで
むすぶと…。

しき

こたえ ▢ にん

😊 ひんと
① 「まえから ●ばんめ」までに ●にん いるね。
② ●この いすに すわれる ひとは ●にんだよ。

91

ぴったり① じゅんび

17 たしざんと ひきざん
（おおい すくない）

がくしゅうび ｜ 月 ｜ 日

3分でまとめ

きょうかしょ ② 116～117 ページ ｜ こたえ 24 ページ

めあて

多い数をたし算で求めることを理解します。

れんしゅう ①→

1 あおい ペンが 7ほん あります。あかい ペンは、
あおい ペンより 4ほん おおいそうです。
あかい ペンは、なんぼん ありますか。

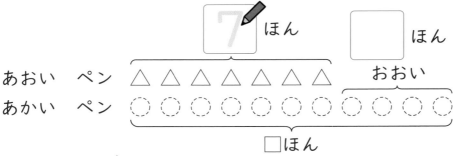

7 ほん ｜ □ ほん

あかい ペンの
かずだけ
○を かこう。

あおい ペン △ △ △ △ △ △ △ ｜ おおい
あかい ペン ○ ○ ○ ○ ○ ○ ○ ｜ ○ ○ ○ ○

□ほん

しき 7 + □ = □   こたえ □ ぽん

めあて

少ない数をひき算で求めることを理解します。

れんしゅう ②→

2 みかんを 11こ かいました。
りんごは、みかんより 3こ すくなく かいました。
りんごは、なんこ かいましたか。

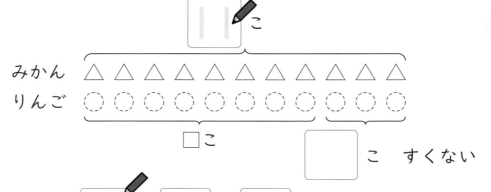

11 こ

りんごの かずだけ
○を かこう。

みかん △ △ △ △ △ △ △ △ △ △ △
りんご ○ ○ ○ ○ ○ ○ ○ ○ ○ ○

□こ ｜ □こ すくない

しき 11 − □ = □   こたえ □ こ

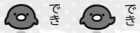
★ できた もんだいには、「た」を かこう！★

でき①　でき②

きょうかしょ ② 116〜117ページ　　こたえ 24ページ

📖 **よくよんで**

1 おすの　さるが　8ひき　います。
めすの　さるは、おすより　6ぴき　おおいそうです。
めすの　さるは、なんびき　いますか。

きょうかしょ116ページ 5

8ひき

おす △ △ △ △ △ △ △ △
めす ◯ ◯ ◯ ◯ ◯ ◯ ◯ ◯ ◯ ◯ ◯ ◯ ◯ ◯

ずの　つづきを
かいて、
めすの　さるの
かずだけ
◯を　かこう。

しき

こたえ 　　　 ひき

2 おりがみで　つるを　おりました。
あやさんは　12こ　おりました。れんさんは、
あやさんより　5こ　すくなかったそうです。
れんさんは、なんこ　おりましたか。

きょうかしょ117ページ 7

12こ

あや △ △ △ △ △ △ △ △ △ △ △ △
れん ◯ ◯ ◯ ◯ ◯ ◯ ◯ ◯ ◯ ◯ ◯ ◯

ずの　つづきを
かいて、
れんさんが　おった
かずだけ
◯を　かこう。

しき

こたえ 　　　 こ

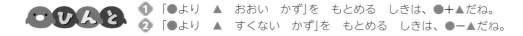
ひんと
1 「●より ▲ おおい かず」を もとめる しき は、●＋▲だね。
2 「●より ▲ すくない かず」を もとめる しき は、●ー▲だね。

ぴったり 1 じゅんび

17 たしざんと ひきざん
（ずに かいて かんがえよう）

きょうかしょ ② 118〜119 ページ　　こたえ 25 ページ

めあて

場面を図に表して、いろいろな式に表すことができるようにします。　　れんしゅう 1→

1 おみせの まえに ひとが ならんで います。
　ゆきさんの まえに ３にん います。
　ゆきさんの うしろに ４にん います。
　　みんなで なんにん ならんで いるかを
かんがえます。

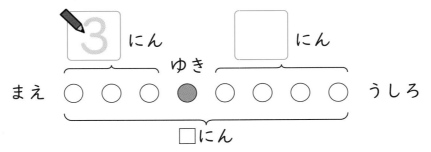

① さいしょに まえの ３にんと うしろの
　４にんを たして、こたえを もとめましょう。

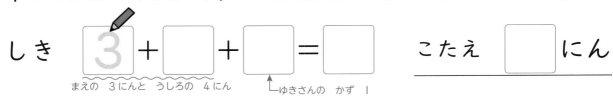

しき　3 ＋ ☐ ＋ ☐ ＝ ☐　　こたえ ☐ にん

まえの ３にんと うしろの ４にん
ゆきさんの かず １

② さいしょに まえの ３にんと ゆきさんを
　たして、こたえを もとめましょう。

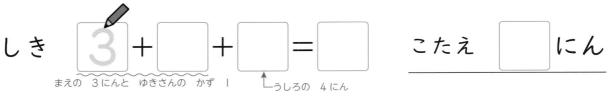

しき　3 ＋ ☐ ＋ ☐ ＝ ☐　　こたえ ☐ にん

まえの ３にんと ゆきさんの かず １
うしろの ４にん

ゆきさんを たすのを
わすれないように
しよう。

きょうかしょ　② 118〜119 ページ　　こたえ　25 ページ

1 こどもが　よこいちれつに　すわって　います。
ゆうとさんの　ひだりに　5にん　います。
ゆうとさんの　みぎに　3にん　います。
　みんなで　なんにん　すわって　いるかを
かんがえます。

きょうかしょ118ページ **9**

① ずの　つづきを　かきましょう。

					ゆうと					
ひだり ○	○	○	○	○	●	○	○	○		みぎ

② さいしょに　ひだりの　5にんと　みぎの
3にんを　たして、こたえを　もとめましょう。

しき

こたえ　□　にん

🔍 よくみて

③ りかさんは、5＋1＋3＝9と　いう　しきを
つくりました。りかさんは、どんな　じゅんに
たして　いますか。つづきを　かきましょう。

さいしょに

ひんと　3つの　かずの　たしざんでは、たす　じゅんじょを　かえても
こたえは　おなじだよ。

95

ぴったり3
たしかめのテスト

⑰ たしざんと
　ひきざん

じかん 30 ぷん
／100
ごうかく 80 てん

きょうかしょ ② 112〜119 ページ　こたえ 25 ページ

思考・判断・表現　／100てん

1 よくでる ゆうきさんは、
まえから 5 ばんめに
います。ゆうきさんの
うしろに 7にん
います。

ゆうき
まえ

　みんなで なんにん いますか。

しき・こたえ 1つ10てん(20てん)

しき

こたえ ☐ にん

2 いすが 8こ あります。
12にんで いすとりゲームを
します。
　いすに すわれない
ひとは なんにんですか。

しき・こたえ 1つ10てん(20てん)

| ずの つづきを かいて かんがえよう。 | いす | △ | △ | △ | △ | △ | △ | △ | △ |
| | ひと | ○ | | | | | | | |

しき

こたえ ☐ にん

96

3 よくでる　はとが　8わ　います。
すずめは、はとより　3わ　おおく　います。

ず・しき・こたえ　1つ10てん(30てん)

① すずめの　かずだけ　○を　かきましょう。
また、□に　あう　かずを　かきましょう。

□わ

はと　△ △ △ △ △ △ △ △
すずめ　○ ○ ○ ○ ○ ○ ○ ○ ○ ○ ○ ○

② すずめは、なんわ　いますか。

しき □　　　　　　　　　　　　　　　　　こたえ □わ

できたらすごい！

4 てんらんかいの　いりぐちに　ひとが　ならんで
います。
れなさんの　まえに　3にん　います。
れなさんの　うしろに　6にん　います。
　みんなで　なんにん　ならんで　いますか。
　ずの　つづきを　かいて、1つの　しきに
あらわして　こたえましょう。

ず・しき・こたえ　1つ10てん(30てん)

まえ	○	○	○							うしろ

しき □　　　　　　　　　　　　　　　　　こたえ □にん

ふりかえり　❶が　わからない　ときは、90ページの　❶に　もどって　かくにんして　みよう。

ぴったり 1
じゅんび

18 かたちづくり
かたちづくり

がくしゅうび　　月　　日

3分でまとめ

きょうかしょ ② 120〜124 ページ　　こたえ 26 ページ

めあて

色板を使って、いろいろな形を作れるようにします。

わんしゅう 1

1 したの　かたちは、あの　いろいたが
なんまいで　できますか。

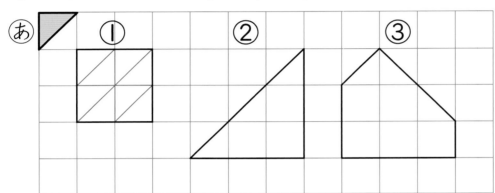

いろいたの
かたちに
せんを
かこう。
いろいろな
かきかたが
あるよ。

① 8 まい　② □ まい　③ □ まい

めあて

数え棒を使って、いろいろな形を作れるようにします。

わんしゅう 2

2 かぞえぼうで、したの　かたちを　つくりました。

 と は、それぞれ　なんこ　ありますか。

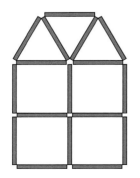

 が □ こ

 が □ こ

かぞえぼうを
ならべると、
いろいろな
かたちが
つくれるね。

★ できた もんだいには、「た」を かこう！ ★

でき ① 　 でき ② 　 でき ③

きょうかしょ ② 120〜124ページ　　こたえ　26ページ

1 ⓐの いろいた 4まいで つくれる かたちを
4つ かきましょう。

きょうかしょ121ページ ②

ⓐ

（れい）

2 かぞえぼうで、いぬの
かたちを つくりました。

△ と □ は、それぞれ
なんこ ありますか。

きょうかしょ123ページ ⑤

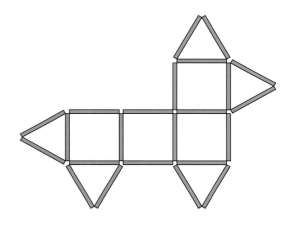

（_____ こ）　　　（_____ こ）

🔍 よくみて

3 ・と ・を
せんで つないで、
おなじ かたちを
かきましょう。

きょうかしょ124ページ ⑥

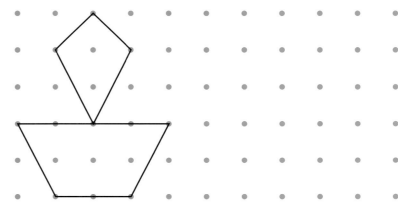

😊 ひんと　③ ・と ・を つないでも、さんかくや しかくなど いろいろな
かたちを つくれるよ。

ぴったり 3

たしかめのテスト

18 かたちづくり

じかん **30** ぷん

／100

ごうかく **80** てん

📖 きょうかしょ　② 120〜125 ページ　⮕ こたえ　26 ページ

知識・技能　　　　　　　　　　　　　　　　　　　　　／80てん

1 よくでる　したの　かたちは、あの　いろいたが
なんまいで　できますか。

1つ10てん（30てん）

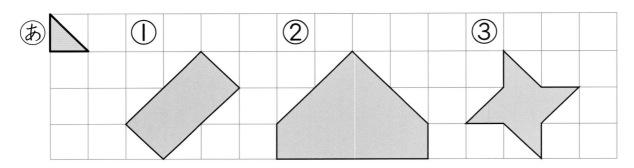

① （＿＿＿＿＿まい）　② （＿＿＿＿＿まい）

③ （＿＿＿＿＿まい）

2 あの　いろいたを　6まい　つかって　しかくを
つくりましょう。

（10てん）

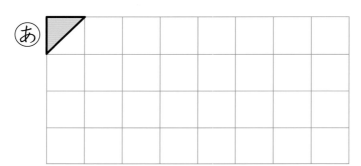

100

❸ かぞえぼうで、したの　かたちを　つくりました。

 と は、それぞれ　なんこ　ありますか。

1つ10てん(20てん)

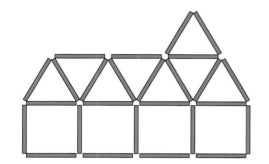

(_____ こ)

(_____ こ)

❹ ・と　・を　せんで　つないで、つぎの　かたちを
つくりましょう。

1つ10てん(20てん)

① △ さんかく　　　② ▭ しかく

思考・判断・表現　　　　　　　　　　　　　　／20てん

できたらすごい！

❺ ２まい　うごかして　みぎの　かたちに　しました。
どれと　どれを　うごかしましたか。

(20てん)

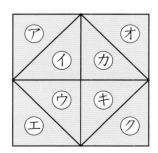 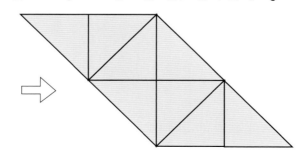

(_____ と _____)

ふりかえり ❶が　わからない　ときは、98 ページの　❶に　もどって　かくにんして　みよう。

1ねんの ふくしゅう
かずと けいさん

がくしゅうび

月　日

じかん **20** ぷん
／100
ごうかく **80** てん

📖 きょうかしょ　② 126〜128 ページ　➡ こたえ　27 ページ

1 □に あう かずを
かきましょう。

②はぜんぶできて　1もん10てん（30てん）

① 10 が 4 こと 1 が

9 こで ［　　］

② 43 は、10 が ［　　］こと

1 が ［　　］こ

③ 10 が 10こで ［　　］

2 したの かずのせんを
みて、□に あう かずを
かきましょう。

1つ10てん（30てん）

① かずのせんの あは

［　　］、いは ［　　］

② 67 は、70 より ［　　］

ちいさい かず

3 けいさんを しましょう。

1つ5てん（30てん）

① 7＋5＝［　　］

② 30＋4＝［　　］

③ 10＋80＝［　　］

④ 17−9＝［　　］

⑤ 27−7＝［　　］

⑥ 90−50＝［　　］

4 ゆりが 2 ほん、ばらが
11 ぽん あります。
　どちらが なんぼん
おおいでしょうか。

しき・こたえ　1つ5てん（10てん）

しき

（　　　　　　　　　　　　　）

こたえ

（　　　　　　　　　　　　　）

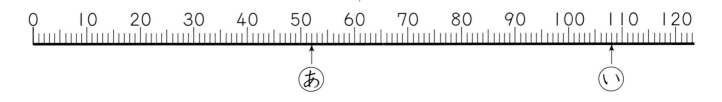

0　10　20　30　40　50　60　70　80　90　100　110　120

あ　　　　　　　　　　　　い

まとめの
テスト

1ねんの ふくしゅう
そくてい

きょうかしょ　② 126〜128 ページ　　こたえ　27 ページ

1 ながい じゅんに ⓐ、ⓘ、
ⓤを かきましょう。　(20てん)

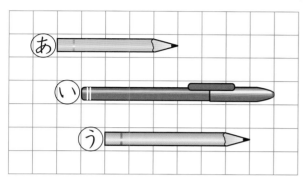

（　　→　　→　　）

2 ⓐと ⓘに はいって
いる みずは、どちらが
おおいでしょうか。　(20てん)

ⓐ

ⓘ

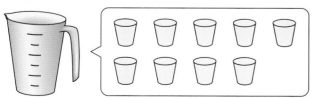

（　　　　　　）

3 じんとりあそびを
しました。ひろい ほうが
かちです。
　どちらが かちましたか。
　(20てん)

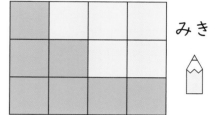

ゆうた　　　　　　　　　　みき

（　　　　　　）

4 とけいを よみましょう。
1つ20てん(40てん)

①

（　　　　　　）

②

（　　　　　　）

103

まとめの テスト

1ねんの　ふくしゅう
ずけい、データの　かつよう

がくしゅうび　月　日

じかん 20 ぷん
/100
ごうかく 80 てん

きょうかしょ ② 126〜128ページ　こたえ 28ページ

1 おなじ　かたちの
なかまを　せんで
むすびましょう。

1つ10てん(30てん)

　・　　・　
つつの　かたち

　・　　・　
はこの　かたち

　・　　・　
ボールの　かたち

2 したの　かたちは、⑧の
いろいたが　なんまいで
できますか。

1つ15てん(30てん)

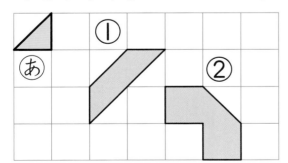

① (　　　　)　② (　　　　)

3 かずを　わかりやすく
せいりします。

①はぜんぶできて　1もん20てん(40てん)

① くだものの　かずだけ
いろを　ぬりましょう。

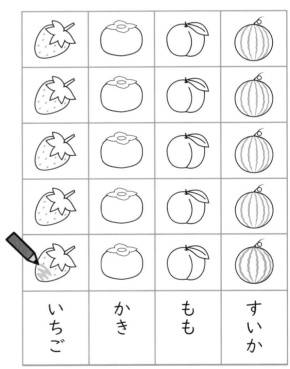

いちご	かき	もも	すいか

② いちばん　おおい
ものは　どれですか。

(　　　　)

なつのチャレンジテスト

きょうかしょ ①3〜②31ページ

月　日

なまえ

 じかん
40ぷん

 ごうかく80てん
／100

こたえ 29ページ

知識・技能　　　　　　　　　／65てん

1 かずを すうじで かきましょう。
1つ4てん(12てん)

① 〔りんご 4こ〕

② 〔はな 5ほん〕

③ 〔てん〕

2 □に あう かずを かきましょう。
1つ4てん(8てん)

① 10は 4と □

② 6は 1と □

3 かずの おおきい ほうに ○を かきましょう。
1つ4てん(8てん)

① 3 8
（ ）（ ）

② 10 2
（ ）（ ）

4 □に あう かずを かきましょう。
1つ4てん(8てん)

① 2 3 4 □

② 10 □ 8 7

5 せんで かこみましょう。
1つ4てん(8てん)

① まえから 2ひきめ

② まえから 2ひき

6 けいさんを しましょう。
1つ4てん(16てん)

① 4+2=□

② 7+0=□

③ 9-2=□

④ 8-8=□

7 ながい じゅんに あ、い、うを かきましょう。
(5てん)

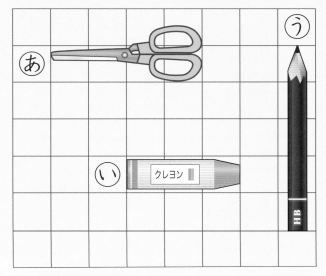

（ ）→（ ）→（ ）

8 えを みて こたえましょう。

ひだり　りんご　ばなな　めろん　すいか　いちご　みぎ

ひだりからも みぎからも
3ばんめの くだものは、なんですか。

(5てん)

(　　　　　　　)

9 あめが 6こ あります。
ぐみが 9こ あります。
どちらが なんこ おおいでしょうか。

しき・こたえ 1つ5てん(10てん)

しき

こたえ 　　　　　　　 が

□ こ おおい。

10 えを みて、4＋3＝7の しきに
なる おはなしを つくりましょう。

(5てん)

11 ゆうたさんの くつばこは、
どこですか。
　ただしい ことばを せんで
かこみましょう。

1つ5てん(10てん)

たつき	あゆ	しょう	りく
まお	えみ	さやか	つむぎ
さとる	かな	ゆうた	まい
あお	あきと	よしの	たくみ

ゆうたさんの くつばこは、

(うえ、した)から 2ばんめで

(ひだり、みぎ)から

3ばんめです。

12 あやさんは したのように
つくえの よこの ながさを
はかって、「えんぴつの
4つぶんです。」と いいました。
　あやさんの かんがえは
ただしいですか、ただしく
ないですか。わけも かきましょう。

(5てん)

ただしいか、ただしく ないか。

わけ

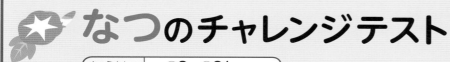 **なつのチャレンジテスト**

きょうかしょ ①3〜②31ページ

月　日

な
まえ

じかん
40ぷん

ごうかく80てん
／100

こたえ29ページ

知識・技能　／65てん

1 かずを すうじで かきましょう。
1つ4てん(12てん)

①

②

③

2 □に あう かずを かきましょう。
1つ4てん(8てん)

① 10は 4と □

② 6は 1と □

3 かずの おおきい ほうに ○を
かきましょう。
1つ4てん(8てん)

① 3 8　② 10 2
( )( )　( )( )

4 □に あう かずを かきましょう。
1つ4てん(8てん)

① 2 3 4 □

② 10 □ 8 7

5 せんで かこみましょう。
1つ4てん(8てん)

① まえから 2ひきめ

まえ  うしろ

② まえから 2ひき

まえ 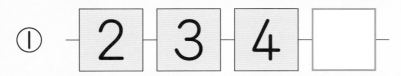 うしろ

6 けいさんを しましょう。
1つ4てん(16てん)

① 4+2= □

② 7+0= □

③ 9−2= □

④ 8−8= □

7 ながい じゅんに ㋐、㋑、㋒を
かきましょう。
(5てん)

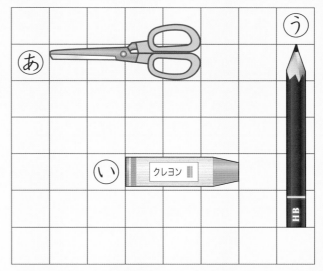

( )→( )→( )

夏のチャレンジテスト(表)

うらにも もんだいが あります。

8 えを みて こたえましょう。

ひだり りんご　ばなな　めろん　すいか　いちご みぎ

ひだりからも みぎからも
3ばんめの くだものは、なんですか。

(5てん)

（　　　　　　　　　）

9 あめが 6こ あります。
ぐみが 9こ あります。
どちらが なんこ おおいでしょうか。

しき・こたえ 1つ5てん(10てん)

しき

こたえ　　　　　　　　が

　　　　　　こ おおい。

10 えを みて、4+3＝7の しきに
なる おはなしを つくりましょう。

(5てん)

11 ゆうたさんの くつばこは、
どこですか。
　ただしい ことばを せんで
かこみましょう。

1つ5てん(10てん)

たつき	あゆ	しょう	りく
まお	えみ	さやか	つむぎ
さとる	かな	ゆうた	まい
あお	あきと	よしの	たくみ

ゆうたさんの くつばこは、

（　うえ、した　）から 2ばんめで

（　ひだり、みぎ　）から

3ばんめです。

12 あやさんは したのように
つくえの よこの ながさを
はかって、「えんぴつの
4つぶんです。」と いいました。
　あやさんの かんがえは
ただしいですか、ただしく
ないですか。わけも かきましょう。

(5てん)

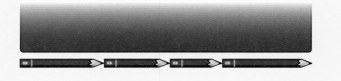

ただしいか、ただしく ないか。

わけ

 **ふゆのチャレンジテスト**

きょうかしょ ②32〜89ページ

月 日

なまえ

 じかん **40ぷん**

 ごうかく80てん ／100

こたえ31ページ ➡

知識・技能 ／55てん

1 □に あう かずを かきましょう。
1つ3てん(6てん)

① 14 16 18 □

② 13 12 □ 10

2 けいさんを しましょう。
1つ3てん(30てん)

① 10+5=□

② 17-7=□

③ 13+4=□

④ 16-5=□

⑤ 3+7+9=□

⑥ 12-2-6=□

⑦ 4+7=□

⑧ 9+8=□

⑨ 11-9=□

⑩ 16-8=□

3 おなじ かたちの なかまを、したから えらび、㋐、㋑、㋒、㋓で こたえましょう。
1つ3てん(9てん)

① ② ③

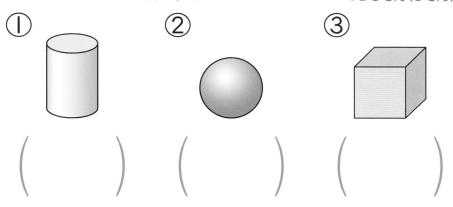

( ) ( ) ( )

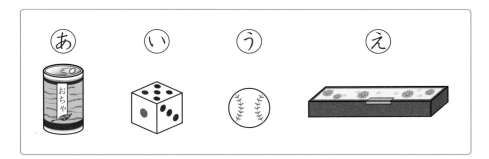

4 とけいを よみましょう。
1つ3てん(6てん)

① ②

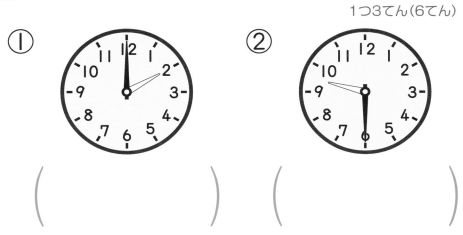

( ) ( )

5 はいる みずが おおい ほうに ○を かきましょう。
(4てん)

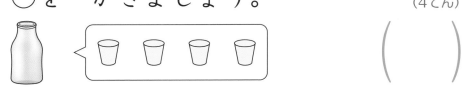

( )

( )

冬のチャレンジテスト(表)

🔄 うらにも もんだいが あります。

6 きんぎょが 10ぴき います。
5ひき あげました。
つぎに 3びき もらいました。
きんぎょは、なんびきに
なりましたか。
1つの しきに かいて、
こたえましょう。 しき・こたえ 1つ5てん(10てん)

しき

こたえ (　　　)ひき

7 りんごが 9こ あります。
4こ もらいました。
りんごは、ぜんぶで なんこに
なりましたか。 しき・こたえ 1つ5てん(10てん)

しき

こたえ (　　　)こ

8 やぎが 15とう います。
こどもの やぎは 8とうです。
おとなの やぎは なんとう
いますか。 しき・こたえ 1つ5てん(10てん)

しき

こたえ (　　　)とう

9 さくやさんは、4つの かたちを
したのように 2つの なかまに
わけました。
どのように かんがえて
わけましたか。
あ、いで こたえましょう。 (5てん)

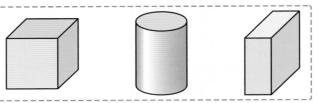

あ たかく つめる かたちと、
つめない かたちに わけた。
い まるい ところが ある
かたちと、ない かたちに わけた。

(　　　)

10 かずを わかりやすく
せいりします。 ①はぜんぶできて 1もん5てん(10てん)

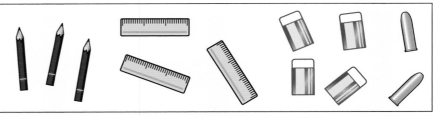

① ぶんぼうぐの かずだけ いろを
ぬりましょう。

えんぴつ	ものさし	けしごむ	きゃっぷ

② いちばん おおい ものは
どれですか。

(　　　)

 **はるのチャレンジテスト**

きょうかしょ　②91〜125ページ

なまえ

月　日

じかん **40ぷん**

ごうかく80てん　／100

こたえ **33**ページ

知識・技能　／60てん

1 □に　あう　かずを　かきましょう。

③はぜんぶできて　1もん4てん（16てん）

① 10が　5こと　1が　4こで

　[　]

② 10が　6こで　[　]

③ 75は、10が　[　]こと

　1が　[　]こ

④ 100は、10が　[　]こ

2 □に　あう　かずを　かきましょう。

1つ4てん（12てん）

① 44　46　[　]　50　[　]

② 82　92　[　]　112

3 けいさんを　しましょう。

1つ4てん（16てん）

① 60＋7＝[　]

② 88−4＝[　]

③ 20＋50＝[　]

④ 100−10＝[　]

---

4 したの　かたちは、⑥の
いろいたが　なんまいで　できますか。

（4てん）

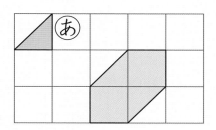

（　　）まい

5 ひろい　ほうに　○を
かきましょう。

（4てん）

⑥ 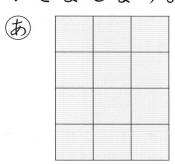　　　⑥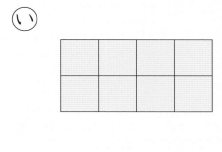

（　　）　（　　）

6 とけいを　よみましょう。

1つ4てん（8てん）

①

（　　　　）

②

（　　　　）

↻うらにも　もんだいが　あります。

7 ケーキが 9こ あります。
おさらは 12まい あります。
　おさらに ケーキを 1こずつ
のせると、おさらは なんまい
あまりますか。

しき・こたえ 1つ4てん(8てん)

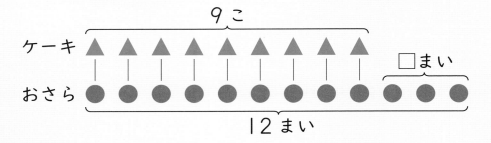

9こ
ケーキ
おさら
12まい

しき
[   ]

こたえ （　　　　　）まい

8 あかい はなが 8ほん さいて
います。
　しろい はなは、あかい はなより
5ほん おおく さいて います。
　しろい はなは、なんぼん さいて
いますか。
　ずの □に あう かずを かいて
こたえましょう。

ず・しき・こたえ 1つ4てん(12てん)

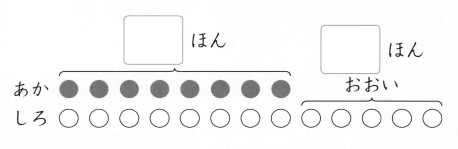

□ほん　　　□ほん
あか ●●●●●●●●
しろ ○○○○○○○○｜○○○○○
　　　　　　　　おおい

しき
[   ]

こたえ （　　　　　）ぼん

9 ひろむさんの まえに 6にん
います。ひろむさんの うしろに
3にん います。
　みんなで なんにん いますか。
　ずの つづきを かいて、1つの
しきに あらわして こたえましょう。

ず・しき・こたえ 1つ4てん(12てん)

まえ ○	○	○	○	○	○				うしろ

しき
[   ]

こたえ （　　　　　）にん

10 ながい はりを かきましょう。

1つ4てん(8てん)

① 6じ15ふん

② 4じ50ぷん

1年 さんすうのまとめ 学力しんだんテスト

なまえ

月　日

じかん 40ぷん

ごうかく80てん　／100

こたえ 35ページ

1 □に かずを かきましょう。

1つ2てん（4てん）

① 10が 3こと 1が 7こで □

② 10が 10こで □

2 □に かずを かきましょう。

□1つ3てん（12てん）

① □ — 46 — 48 — □ — 52

② 100 — 90 — □ — □ — 60

3 けいさんを しましょう。1つ3てん（18てん）

① 8＋6＝□　　② 14−9＝□

③ 0−0＝□　　④ 30＋40＝□

⑤ 33＋4＝□　　⑥ 29−7＝□

4 11人で キャンプに いきました。
その うち 子どもは 7人です。
おとなは なん人ですか。1つ3てん（6てん）

しき

こたえ（　　　）人

5 なんじなんぷんですか。

（3てん）

（　　　　　）

6 あ～えの 中から たかく つめる
かたちを すべて こたえましょう。

（ぜんぶできて 3てん）

あ　　　い　　　う　　　え

（　　　　　）

7 下の かたちは、あの いろいたが
なんまいで できますか。　1つ3てん（6てん）

① （　　　）まい　② （　　　）まい

8 水の かさを くらべます。正しい
くらべかたに ○を つけましょう。

（4てん）

①　　　　　　　　②

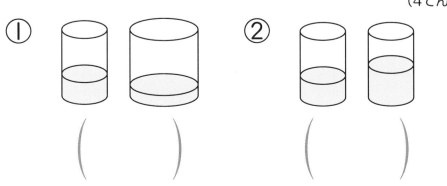

（　　　）　　　　（　　　）

学力診断テスト（表）

うらにも もんだいが あります。

9 どうぶつの かずを しらべて せいりしました。

1つ4てん(8てん)

| うし | さる | うさぎ | ねずみ |

① いちばん おおい どうぶつは なんですか。

(　　　　)

② いちばん おおい どうぶつと いちばん すくない どうぶつの ちがいは なんびきですか。

(　　　　) びき

10 バスていで バスを まって います。

1つ4てん(12てん)

① まって いる 人は 7人 いて、みなとさんの まえには 4人 ならんで います。みなとさんは うしろから なんばん目ですか。

うしろから 〔 　　 〕ばん目

② バスが きました。バスには はじめ 3人 のって いました。この バスていで まって いる 人 みんなが のり、つぎの バスていで 5人が おりました。バスには いま なん人 のって いますか。

しき 〔 　　　　　　　 〕

こたえ (　　　) 人

11 かべに えを はって います。□に はいる ことばを かきましょう。

□1つ4てん(16てん)

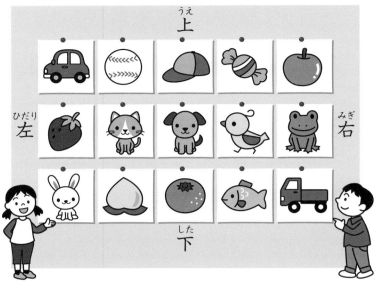

① さかなの えは みかんの えの 〔 　　 〕に あります。

② いちごの えは 車の えの 〔 　　 〕に あります。

③ 犬の えは 〔 　　　　 〕の えの 〔 　　 〕に あります。

12 ゆいさんと さくらさんは じゃんけんで かったら □を 1つ ぬる ばしょとりあそびを しました。どちらが かちましたか。その わけも かきましょう。

1つ4てん(8てん)

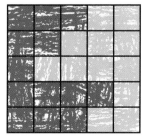

■…ゆいさん
■…さくらさん

かったのは (　　　　) さん

わけ (　　　　　　　)

教科書ぴったりトレーニング

まるつけラクラクかいとう

この「まるつけラクラクかいとう」は
とりはずしてお使いください。

東京書籍版
算数1年

「まるつけラクラクかいとう」では問題と同じ紙面に、赤字で答えを書いています。

🏠 **おうちのかたへ** では、次のようなものを示しています。
・学習のねらいやポイント
・他の学年や他の単元の学習内容とのつながり
・まちがいやすいことやつまずきやすいところ
お子様への説明や、学習内容の把握などにご活用ください。

見やすい答え

くわしいてびき

おうちのかたへ

---

⑪ おおきさくらべ (1)

ぴったり1 46ページ **ぴったり2** 47ページ **ぴったり1** 48ページ **ぴったり2** 49ページ

ぴったり1

❶ 長さを直接比べます。
　①端が揃っているから、青のほうが長いことがわかります。
　②縦と横を直接重ねて比べます。どの長さが縦で、どの長さが横になるのかもしっかり理解しましょう。
　③まっすぐにして、端を揃えて比べます。

❷ 方眼のます目を使って、長さをますのいくつ分で表し、数で長さを比べます。
　⑧は6つ分、⑩は8つ分だから、⑩のほうが長いことがわかります。

ぴったり2

❶ ①まっすぐにして、端を揃えて比べます。
　②輪飾り1つの大きさは、どれも同じと考えて、輪飾りの数で長さを比べます。⑧は9つ分、⑩は6つ分だから、⑧のほうが長いことがわかります。

❷ 比べるものが3つになっても、比べ方は同じです。⑧は5つ分、⑩は7つ分、⑤は10個分です。数の多い順に記号を書きましょう。

ぴったり1

❶ ①同じ大きさの容器に移すと、水面の高さでかさを比べることができます。
　②コップを使って、かさをコップのいくつ分で表し、コップの数でかさを比べます。
　⑧は8杯分、⑩は7杯分だから、⑧のほうがかさが多いことがわかります。

❷ ⑧は6杯分、⑩は5杯分です。

❸ 箱のかさの大きい小さいは、重ねると比べられます。

ぴったり2

❶ ⑧は8杯分、⑩は10杯分です。

❷ 比べるものが3つになっても、比べ方は同じです。コップのいくつ分で表したとき、数がいちばん多いものが答えになります。

❸ 重ねると、ロールケーキが入っている箱のほうが大きいことがわかります。

🏠 **おうちのかたへ**
長さやかさを、数に置き換えたりすることは、これから学習する長さやかさの単位の土台となります。

13

※紙面はイメージです。

1 なかまづくりと かず

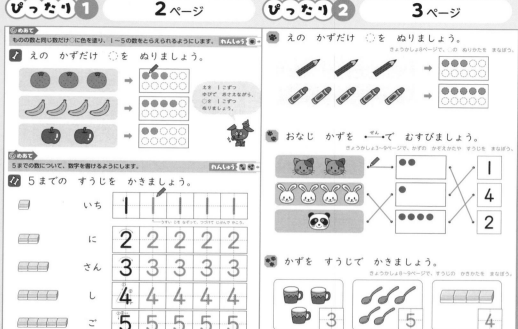

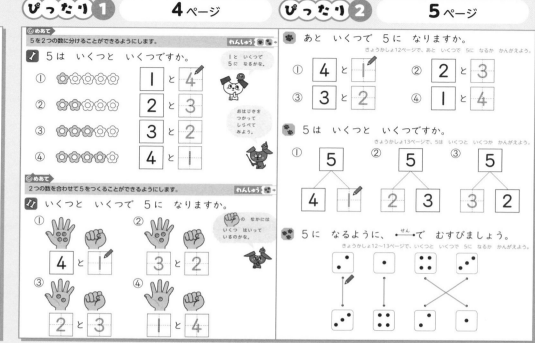

ぴったり1

🎵 1～5の数について、具体物（左の絵）と〇を1対1に対応させる問題です。
絵を1個ずつ指で押さえながら、〇を1個ずつ塗るようにします。

🎵🎵 1～5の数について、数字で正しく書けるように練習します。書き始めと、書く向きに気をつけます。
3が ε にならないようにすること、4と5は、書き順にも注意しましょう。

ぴったり2

🐾 〇を塗るとき、同じ数だけ塗っていれば、どのような塗り方でも間違いではありませんが、左上から横に順に塗っていくのがよいでしょう。

🐾 「ネコの数はいくつかな。」と問い、絵を指で押さえながら、「いち、に」と唱えさせ、図（●）と数字を結ぶようにさせるとよいでしょう。

🐾 例えば、「コップの数はいくつかな。」と問い、「さん」と唱えさせながら、「3」と書くようにさせましょう。

ぴったり1

🎵 「5はいくつといくつ」を考える問題です。
実際におはじきを使って調べるのもよいでしょう。並べ替えても、それぞれの色の個数は変わりません。

🎵🎵 「5は1と4」という「分解」の見方と、「1と4で5」という「合成」の見方を身につけ、数の感覚を養いましょう。

🏠 おうちのかたへ

5の分解・合成が、すらすら言えるようになるまで練習させましょう。

ぴったり2

🐾 p.4 🎵 のように、おはじきを並べたり、おはじきを頭の中でイメージしたりして考えさせましょう。

🐾 これも 🐾 と同じで、「5はいくつといくつ」を考える問題です。
全部できたら、5の分解をほかにもつくってみましょう。

🐾 さいころの目を見ながら、「2はあといくつで5になるかな。」と問い、「あと3。」と声に出して答えさせるとよいでしょう。

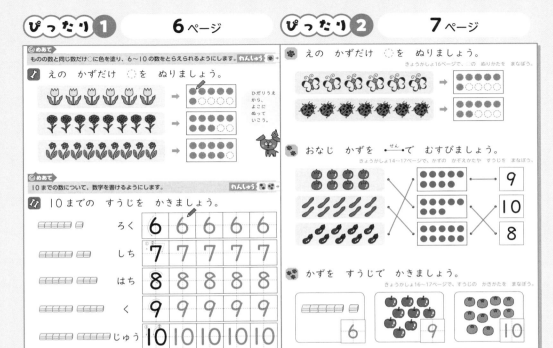

ぴったり1

- 6〜10の数について、具体物（左の絵）と○を1対1に対応させる問題です。
  数が多くなってくるので、絵を1個ずつ指で押さえながら、○を1個ずつ塗るようにすると、数え間違いを防ぐことができます。
- 6が♂にならないように、数字の形はもちろんのこと、7、8、9、10は、書き順にも気をつけて、正しく書けるようにしましょう。

ぴったり2

- 5より大きい数はできるだけ、上の段を5、下の段を1などと塗るようにしましょう。
- 具体物を指で押さえながら、「1、2、3、……」と数えるとよいでしょう。
- 10は、1ますに数字を2つ書くので、「1」の書き出しを□の真ん中にすると、はみ出してしまいます。
  「1」だけを書くときよりも、書き出しの位置を左にするとよいことを助言しましょう。

ぴったり1

- 「6はいくつといくつ」を考える問題です。5の場合と同じように6もいくつといくつに分けて書くことができます。
- 7は1と6、7は2と5、7は3と4、……、とすらすら言えるようにしておきましょう。

ぴったり2

- p.8 のように、おはじきを並べたり、おはじきを頭の中でイメージしたりして考えさせましょう。
- ●の数を見ながら、①「6と1で7」、②「2と5で7」と声に出して答えさせましょう。
- 右のような図で、分解や合成の練習をして、図がなくても頭の中でできるようにしていきましょう。

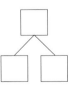

3

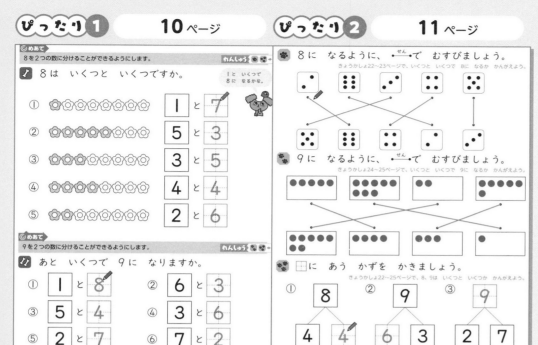

ぴったり①

🖌 「8はいくつといくつ」を考える問題です。「8は1と7」とみる「分解」の見方と、「1と7で8」とみる「合成」の見方の両方ができるようになることが、今後の学習の基礎となります。

🖌 「9はいくつといくつ」を考える問題です。9は1と8、9は2と7、9は3と6、……、と声に出して練習しておくとよいでしょう。

ぴったり②

🐾 「8はいくつといくつ」を考える問題です。さいころの目を見ながら、「2はあといくつで8になるかな。」と問い、「あと6。」と声に出して答えさせるとよいでしょう。

🐾 9の合成ができるかを確かめる問題です。まず、5はあといくつで9になるかを考えましょう。

🐾 全部できたら、8、9の分解をほかにもつくってみましょう。

ぴったり①

🖌 見えている算数ブロックと隠れている算数ブロックの数を使って、「10はいくつといくつ」を考えます。10の合成・分解は、このあと学習する繰り上がりのあるたし算で役に立ちます。

🏠 おうちのかたへ

ゲーム感覚で、折に触れて、「10は8といくつ？」のように問題を出してみたり、「10になる数の組み合わせは？」などと問いかけてみるのもよいでしょう。

ぴったり②

🐾 p.12のように算数ブロックを使ったり、右のような図を使ったりして、10の分解や合成を繰り返し練習しておくとよいでしょう。

🐾 10までの数の構成的な見方を身につけて、数を数える問題です。絵を見て、「○と○で○」と唱えながら、全体の数を書かせるとよいでしょう。

ぴったり1

◎めあて
1から10までの、数の大小がわかるようにします。　れんしゅう

♪ かずの おおきい ほうに ○を かきましょう。

◎めあて
1から10までの、数の順序がわかるようにします。　れんしゅう

♪♪ □に あう かずを かきましょう。

| 1 | 2 | 3 | 4 | 5 | 6 | 7 | 8 |

かずを ちいさい じゅんに いって みよう。

◎めあて
何もないことを、数字で0と表すことを理解します。　れんしゅう

♪♪♪ かずを すうじで かきましょう。

2　1　0　れい　0 0 0 0

ぴったり2

🐾 かずの おおきい ほうに ○を かきましょう。
きょうかしょ30ページで、おおきい ちいさいを かんがえよう。

| | 5 |
( )　(○)

| 9 | |
(○)　( )

🐾 □に あう かずを かきましょう。
きょうかしょ31〜32ページで、かずの じゅんばんを かんがえよう。

だんだん おおきく なって いるのかな?

3	4	5	6	7
5	6	7	8	9	10
6	5	4	3	2	1	0

🐾 たまの かずを すうじで かきましょう。
きょうかしょ32ページで、0を まなぼう。

3　4　0

ぴったり3

知識・技能　／70てん

❶ よくでる かずを すうじで かきましょう。 1つ5てん(15てん)

① くま　② うさぎ　③ きつね
5　8　7

❷ あめの かずを すうじで かきましょう。 1つ5てん(20てん)

① 3　② 2　③ 1　④ 0

❸ よくでる □に あう かずを かきましょう。 1つ5てん(10てん)

① 10は [7] と [3]　② 10は [5] と [5]

❹ かずの おおきい ほうに ○を かきましょう。 1つ5てん(10てん)

①　( )　(○)
② | 9 | 6 |　(○)　( )

❺ よくでる □に あう かずを かきましょう。 1つ5てん(15てん)

| 4 | 5 | 6 | 7 | 8 | 9 | 10 |

思考・判断・表現　／30てん

できたらすごい!

❻ みぎの かずを □に 1つずつ いれて、8と 10を つくりましょう。
ぜんぶできて 1もん15てん(30てん)

① [3] と [5] で 8
　(5)　(3)
② [4] と [6] で 10
　(6)　(4)

4　8　3　1　6　5

ぴったり1

♪ 10までの数の大小を比べる問題です。「●が7個で7、●が6個で6、6より7のほうが大きい。」のように説明させながら、○を書かせるようにするとよいでしょう。

♪♪ 10までの数の系列を考える問題です。1、2と連続していることから、左から右へ1ずつ大きくなっていることに気づかせます。

♪♪♪ 0という数についての問題です。1つもないことを「れい」といい、「0」と書きます。

ぴったり2

🐾 ●が4個で4、4より5のほうが大きいから、5のほうに○を書きます。

🐾 系列の問題は、まず、連続している数から、だんだん大きくなっているのか、だんだん小さくなっているのかを考えます。
そして、「3、4、5、……」のように唱えながら、□に数を書くようにします。

🐾 0を正しく読め、正しく書けているかどうかも、確認するようにします。

ぴったり3

❶ 絵を見て集合をつくり、集合(種類)ごとに数を数えて、数字で書きます。数え忘れたり、2回数えたりしないように、1個ずつ絵に印をつけながら数えさせましょう。

❷ ④あめが1個もありません。その場合は、何も書かないのではなく、「0」と書くことを確認しましょう。

❸ この段階では、念頭で10の分解ができることが望ましいですが、算数ブロックを見て考えてもよいです。

❹ 理解が不十分な場合は、算数ブロックやおはじきを並べて、数の大きさを見せるようにするとよいでしょう。

❺ 10までの数の系列が理解できているかを確かめる問題です。5、6、7、8と連続していることから、左から右へ1ずつ大きくなっていることに気づかせます。

❻ 8、10の合成を考える問題です。「8、10はいくつといくつ」を考えながら組み合わせを考えます。

2 なんばんめ

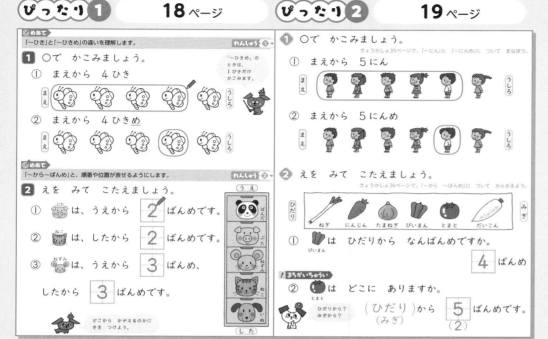

ぴったり1 　18ページ

めあて
「〜ひき」と「〜ひきめ」の違いを理解します。　れんしゅう❶→

❶ ○で かこみましょう。
① まえから 4ひき
② まえから 4ひきめ

「〜ひきめ」のときは、1ぴきだけかこみます。

めあて
「〜から〜ばんめ」と、順番や位置が表せるようにします。　れんしゅう❷→

❷ えを みて こたえましょう。
① 🐼 は、うえから [2] ばんめです。
② 🐱 は、したから [2] ばんめです。
③ 🐭 は、うえから [3] ばんめ、したから [3] ばんめです。

どこから かぞえるのかに きを つけよう。

ぴったり2 　19ページ

❶ ○で かこみましょう。
きょうかしょ35ページで、「〜にん」と「〜にんめ」について まなぼう。
① まえから 5にん
② まえから 5にんめ

❷ えを みて こたえましょう。
きょうかしょ36ページで、「〜から 〜ばんめ」について かんがえよう。

ねぎ　にんじん　たまねぎ　ぴいまん　とまと　だいこん

① 🫑 は ひだりから なんばんめですか。
ぴいまん
[4] ばんめ

まちがいちゅうい！
② 🍅 は どこに ありますか。
とまと
ひだりから？みぎから？
（ ひだり ）から [5] ばんめです。
（ みぎ ）　　　（2）

ぴったり3 　20~21ページ

知識・技能　　/50てん

❶ ❲よくでる❳ ○で かこみましょう。
1つ10てん（30てん）
① まえから 3だい
② まえから 3だいめ
③ したから 4ばんめ

❷ ❲よくでる❳ えを みて こたえましょう。
1つ10てん（20てん）

まみ　たくや

① まみさんは、まえから [5] ばんめです。
② たくやさんは、うしろから [3] ばんめです。

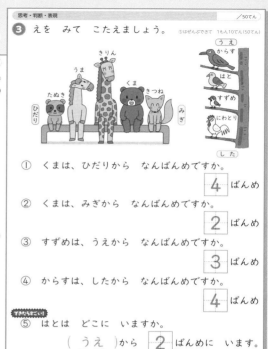

思考・判断・表現　　/50てん

❸ えを みて こたえましょう。
⑤はぜんぶできて 1もん10てん（50てん）

うま　きりん　くま　きつね　たぬき　からす　はと　すずめ　にわとり

① くまは、ひだりから なんばんめですか。
[4] ばんめ
② くまは、みぎから なんばんめですか。
[2] ばんめ
③ すずめは、うえから なんばんめですか。
[3] ばんめ
④ からすは、したから なんばんめですか。
[4] ばんめ

できたらすごい！
⑤ はとは どこに いますか。
（ うえ ）から [2] ばんめに います。
（ した ）　　　（3）

ぴったり1

❶ 前後に関わる順序や、位置の表し方についての問題です。「前から4匹」と「前から4匹目」の違いに注目させます。
「前から4匹」で囲むのは、4匹です。
「前から4匹目」で囲むのは、1匹だけです。

❷ 上下に関わる順序や位置の表し方についての問題です。問題文をよく読み、どこから数えるのかに注意します。

ぴったり2

❶ 「前から5人」で囲むのは、5人です。
「前から5人目」で囲むのは、1人だけです。

❷ まず、左右を正しく認識できているかどうかを確かめましょう。
①ピーマンは、左から、1、2、3、4で、4番目です。
②左と右、どちらから数えるかで、答えが変わります。同じ位置でも2通りの表現ができることに気づかせます。どちらの答えを書いていても正解です。

ぴったり3

❶ 「前から○台」と「前から○台目」、「下から○番目」を、絵に正しく表せるかを確かめる問題です。
①「前から3台」で囲むのは、3台です。
②「前から3台目」で囲むのは、1台だけです。

❷ どちらから数えるかに注意しましょう。

❸ 左右、上下に関わる順序や位置の表し方を考える問題です。
「左から」、「右から」、「上から」、「下から」と、いろいろな表し方が出てきます。問題文を注意深く読むようにアドバイスするとよいでしょう。
⑤ハトは、上から2番目で、下から3番目です。
どちらの答えを書いていても正解です。

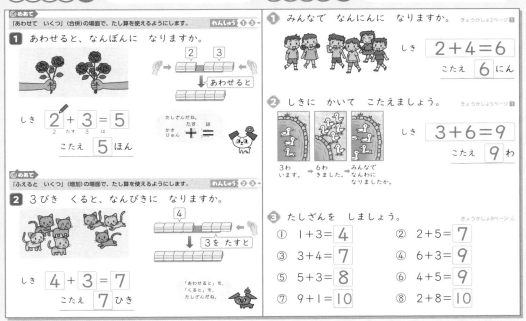

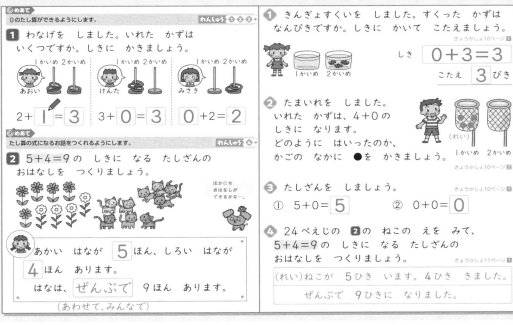

ぴったり1 22ページ

めあて 「あわせて いくつ」（合併）の場面で、たし算を使えるようにします。 **れんしゅう ①③**

1 あわせると、なんぼんに なりますか。

2 3 あわせると

しき $2+3=5$

こたえ 5 ほん

たしざんだね。 かきじゅん ＋ ＝

めあて 「ふえると いくつ」（増加）の場面で、たし算を使えるようにします。 **れんしゅう ②③**

2 3びき くると、なんびきに なりますか。

4 3を たすと

しき $4+3=7$

こたえ 7 ひき

「あわせると」も、「くると」も、たしざんだね。

ぴったり2 23ページ

1 みんなで なんにんに なりますか。

しき $2+4=6$

こたえ 6 にん

2 しきに かいて こたえましょう。 きょうかしょ5ページ①

しき $3+6=9$

こたえ 9 わ

3わ います。 6わ きました。 みんなで なんわに なりましたか。

3 たしざんを しましょう。 きょうかしょ8ページ

① $1+3=4$ ② $2+5=7$
③ $3+4=7$ ④ $6+3=9$
⑤ $5+3=8$ ⑥ $4+5=9$
⑦ $9+1=10$ ⑧ $2+8=10$

ぴったり1 24ページ

めあて 0のたし算ができるようにします。 **れんしゅう ①②③**

1 わなげを しました。いれた かずは いくつですか。しきに かきましょう。

1かいめ 2かいめ あおい
1かいめ 2かいめ けんた
1かいめ 2かいめ みさき

$2+1=3$　$3+0=3$　$0+2=2$

めあて たし算の式になるお話をつくれるようにします。 **れんしゅう ④**

2 $5+4=9$ の しきに なる たしざんの おはなしを つくりましょう。

ほかにも おはなしが できるかな…。

あかい はなが 5 ほん、しろい はなが 4 ほん あります。
はなは、ぜんぶで 9ほん あります。

（あわせて、みんなで）

ぴったり2 25ページ

1 きんぎょすくいを しました。すくった かずは なんびきですか。しきに かいて こたえましょう。 きょうかしょ10ページ①

1かいめ 2かいめ

しき $0+3=3$

こたえ 3 びき

2 たまいれを しました。いれた かずは、4+0の しきに なります。どのように はいったのか、かごの なかに ● を かきましょう。 きょうかしょ10ページ②

（れい）

1かいめ 2かいめ

3 たしざんを しましょう。 きょうかしょ10ページ①

① $5+0=5$ ② $0+0=0$

4 24ぺえじの 2の ねこの えを みて、5+4=9の しきに なる たしざんの おはなしを つくりましょう。 きょうかしょ11ページ①

（れい）ねこが 5ひき います。4ひき きました。
ぜんぶで 9ひきに なりました。

ぴったり1

1 初めて「式」が出てきます。「たし算」、「式」、「答え」の意味を理解しましょう。「＋」はたし算の記号、「＝」は、答えを書くときにつける記号です。また、答えは「5」ではなく、「5ほん」になることも助言しておくとよいでしょう。「あわせていくつ」（合併）の場面の答えは、たし算の式に書いて求めます。

2 「ふえるといくつ」（増加）の場面の答えも、たし算の式に書いて求めます。

ぴったり2

1 「みんなで何人」（合併）だから、たし算の式です。

2 増加の場面のたし算の問題です。③わ います。⑥わ きました。みんなで なんわに なりましたか。演算を決めるキーワードになる語句に下線を引いたり、式に使う数字に○をつけたりして、「ふえるといくつ」（増加）というたし算の場面であること、はじめにあったのは3、増えたのは6であることを押さえます。

3 繰り上がりのないたし算です。

ぴったり1

1 輪が1個も入らなかった場合は、「0個入った」と考えます。0も他の数と同じようにたし算の式に書くことができます。

2 「5＋4＝9」の式になる問題をつくります。合併の場面のたし算だから、「ぜんぶで」、「あわせて」、「みんなで」などのことばが書けていれば正解です。

ぴったり2

2 0のたし算の場面を絵に表す問題です。0は、玉が1個も入らなかったということです。

3 0のあるたし算です。

4 どのような場面かを絵を見て考え、「5＋4＝9」の式になる問題をつくります。はじめネコが5匹いて、そこへ4匹来たから、増加の場面です。

おうちのかたへ

身の回りを見わたして、たし算の式になる問題をつくらせてみるのもよいでしょう。

 **ぴったり3** 　**26〜27ページ**

知識・技能 ／60てん

❶ えや ぶろっくを みて、しきに かきましょう。
ぜんぶできて 1もん10てん(20てん)

① あわせて
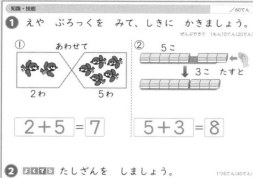
2わ　5わ

$2+5=7$

② 5こ
↓ 3こ たすと

$5+3=8$

❷ **よくでる** たしざんを しましょう。
1つ5てん(40てん)

① $4+1=5$　　② $1+5=6$

③ $7+2=9$　　④ $4+4=8$

⑤ $6+4=10$　　⑥ $3+7=10$

⑦ $8+0=8$　　⑧ $0+9=9$

思考・判断・表現 ／40てん

❸ あおい かさが 4ほん、きいろい かさが 5ほん あります。かさは、ぜんぶで なんぼん ありますか。
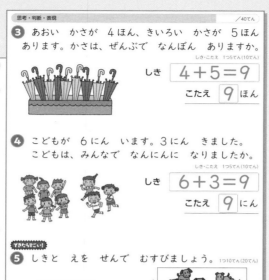
しき・こたえ 1つ5てん(10てん)

しき $4+5=9$

こたえ 9 ほん

❹ こどもが 6にん います。3にん きました。こどもは、みんなで なんにんに なりましたか。
しき・こたえ 1つ5てん(10てん)

しき $6+3=9$

こたえ 9 にん

できたらすごい!

❺ しきと えを せんで むすびましょう。 1つ10てん(20てん)

① 2+6

② 3+2

 **④ のこりは いくつ ちがいは いくつ**

 **ぴったり1** 　**28ページ**

◎めあて
「のこりは いくつ」(求残)の場面で、ひき算を使えるようにします。 れんしゅう ❶ ❸

❶ のこりは なんだいに なりますか。

→5

3を とると

しき $5-3=2$
5 ひく 3 は

こたえ 2 だい

ひきざんだね。
かきじゅん ひく

◎めあて
「のこりは いくつ」(求補)の場面で、ひき算を使えるようにします。 れんしゅう ❷ ❸

❷ ねこが 9ひき います。■ は 3びきです。
とらねこ は なんびき いますか。

ぶろっく 9こから 3こを とれば いいよ。

しき $9-3=6$　こたえ 6 ぴき

ぴったり2 　**29ページ**

❶ しきに かいて こたえましょう。 きょうかしょ14ページ❶

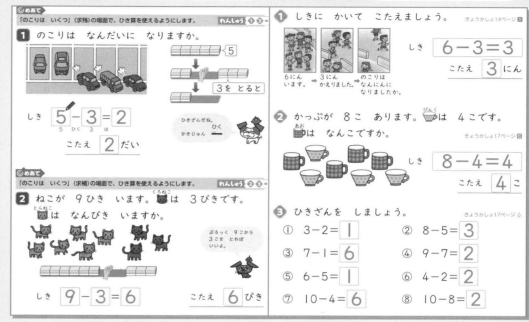
6にん います。→3にん かえりました。→のこりは なんにんに なりますか。

しき $6-3=3$

こたえ 3 にん

❷ かっぷが 8こ あります。ぴんく は 4こです。
あお は なんこですか。 きょうかしょ17ページ❺

しき $8-4=4$

こたえ 4 こ

❸ ひきざんを しましょう。 きょうかしょ17ページ❻

① $3-2=1$　　② $8-5=3$

③ $7-1=6$　　④ $9-7=2$

⑤ $6-5=1$　　⑥ $4-2=2$

⑦ $10-4=6$　　⑧ $10-8=2$

ぴったり3

❶ ①「あわせて」だから、たし算の式です。
②「たすと」だから、たし算の式です。

❷ この段階で、まだ指を使って数えていたり、数えたし(例えば、5+2を、5、6、7と1ずつたしていき、7と答えること)をしたりしている場合は、算数ブロックの操作を十分に経験させて、念頭で計算できるように練習させましょう。

❸ 演算を決めるキーワードになる語句(ぜんぶで)に下線を引く、式に使う数字に○をつけるなどして、4と5をあわせる式になることを押さえます。

❹ 問題文をよく読み、6に3をたす式になることを確認します。

❺ たし算の式に合う場面を考える問題です。例えば、イヌの絵からは、次のような場面と式が考えられます。

> イヌが3匹います。
> 2匹来ました。
> イヌは、全部で何匹になりましたか。
> 3+2=5

ぴったり1

❶ 「のこりはいくつ」(求残)の場面の答えは、ひき算の式に書いて求めます。「−」は、ひき算の記号です。

❷ 全体の数9から、黒ネコの数3をひいた残りが、虎ネコの数だから、ひき算の式です。求補の場面の答えも、ひき算の式に書いて求めます。

ぴったり2

❶ 求残の場面のひき算の問題です。「残りは何人」だから、ひき算の式です。

> ⑥にん います。
> ③にん かえりました。
> のこりは なんにんに なりましたか。

たし算と同じように、キーワードになる語句に印をつけるとよいでしょう。

❷ 求補の場面のひき算の問題です。全体の数8から、ピンクのカップの数4をひいた残りが、青いカップの数です。

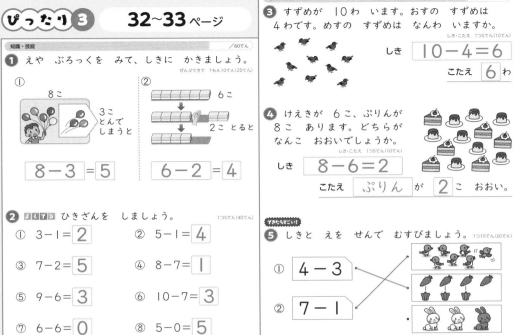

ぴったり1

1 「残りは何本」だから、ひき算（求残）の場面です。
　１本も食べない場合は、「０本食べる」と考えます。ひき算の式に書くと、２－０＝２です。

2 ７個の算数ブロックから、４個の算数ブロックをとった残りが「違い」になります。これもひき算（求差）の場面です。

ぴったり2

1 ０のあるひき算です。
　②何もないところから何もとらないから、０－０＝０です。

2 求差の場面のひき算の問題です。トマトとキュウリの数を数え、数の大きいほうから小さいほうをひくことに注意します。

3 求差の場面のひき算の問題です。

4 「ひき算の式になるお話」をつくる問題です。絵を見て、５と２のものをそれぞれ探します。

ぴったり3

1 ①「とんでしまうと」だから、ひき算の式です。
　②「とると」だから、ひき算の式です。

2 この段階で、まだ指を使って数えていたり、数えひき（例えば、７－２を、７、６、５と１ずつひいていき、５と答えること）をしたりしている場合は、算数ブロックの操作を十分に経験させて、念頭で計算できるように練習させましょう。

3 求補の場面のひき算の問題です。全体の数 10 から、雄のスズメの数４をひいた残りが、雌のスズメの数です。

4 演算を決めるキーワードになる語句（なんこおおい）に下線を引く、式に使う数字に〇をつけるなどし、数の大きいほうから小さいほうをひくことに注意します。

5 ひき算の式に合う場面を考える問題です。例えば、鳥の絵からは、次のような場面と式が考えられます。

> 鳥が７羽います。１羽飛んでいくと、残りは何羽になりますか。
> ７－１＝６

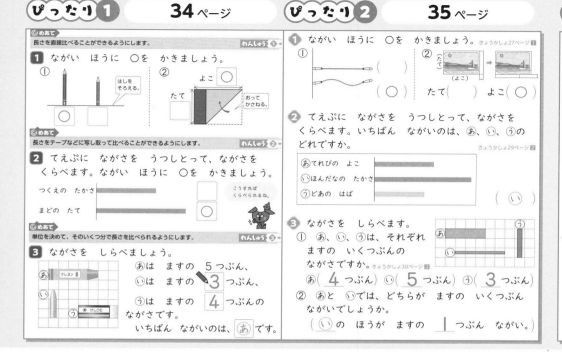

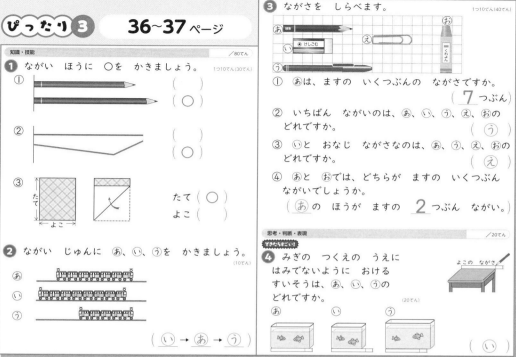

ぴったり①

1. ①一方の端をそろえて、鉛筆の長さを比べています。
   ②横を縦に重ねて、紙の縦と横の長さを比べています。
2. 直接並べて比べられないものの長さをテープに写し取り、そのテープの長さを比べています。
3. 方眼のますを単位として、ものの長さを「ますいくつ分」と表して比べています。

ぴったり②

1. ①左端をそろえて、なわとびの縄の長さを比べています。下の縄をぴんと伸ばすと、上の縄より長くなります。
   ②縦の長さと横の長さを、縦の長さをテープに写し取り、そのテープを横にあてて比べています。
2. 長さを「ますいくつ分」と表して数値化すると、数の大小で比べられます。テープの幅は、長さには関係ありません。

ぴったり③

1. ①左端がそろっているから、下の鉛筆のほうが長いことがわかります。
   ②折れ曲がった下の線をまっすぐに伸ばすと、上の線より長くなります。
   ③横を縦に重ねて、レジャーシートの縦と横の長さを比べています。
2. 車両を単位として、電車の長さを「車両いくつ分」と表して比べています。あは7つ分、いは8つ分、うは5つ分です。
3. 方眼のますを単位として、ものの長さを「ますいくつ分」と表して比べています。
   ④あは7つ分、おは5つ分だから、7−5＝2で、あのほうがますの2つ分長いことがわかります。
4. 水槽の長さが、テープに写し取った机の横の長さの赤い印より短ければ、はみ出ません。

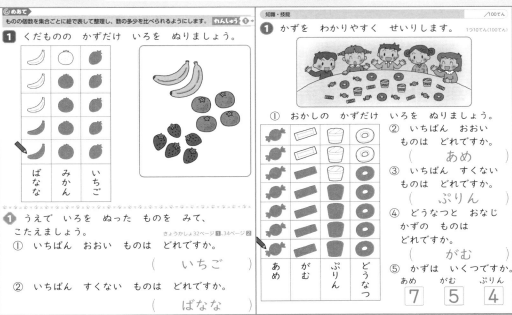

めあて
ものの個数を集合ごとに絵で表して整理し、数の多少を比べられるようにします。　れんしゅう❶

1 くだものの かずだけ いろを ぬりましょう。

ばなな	みかん	いちご

1 うえで いろを ぬった ものを みて、こたえましょう。
きょうかしょ32ページ❶、34ページ❷

① いちばん おおい ものは どれですか。
（　　いちご　　）

② いちばん すくない ものは どれですか。
（　　ばなな　　）

知識・技能　　　　　　　　　　　　/100てん

1 かずを わかりやすく せいりします。
1つ10てん(100てん)

① おかしの かずだけ いろを ぬりましょう。

あめ	がむ	ぷりん	どうなつ

② いちばん おおい ものは どれですか。
（　　あめ　　）

③ いちばん すくない ものは どれですか。
（　　ぷりん　　）

④ どうなつと おなじ かずの ものは どれですか。
（　　がむ　　）

⑤ かずは いくつですか。
あめ　がむ　ぷりん
7　**5**　**4**

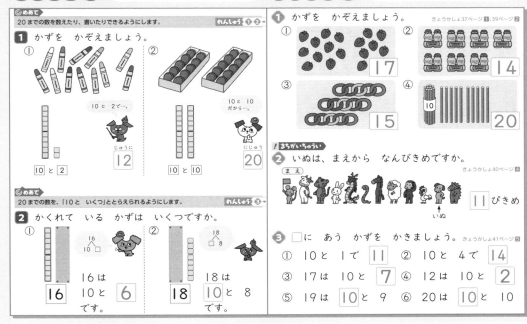

めあて
20までの数を数えたり、書いたりできるようにします。　れんしゅう❶❷

1 かずを かぞえましょう。

① 10と **2**　10と 2で… **12**

② 10と **10**　10と10だから… **20**

めあて
20までの数を、「10と いくつ」ととらえられるようにします。　れんしゅう❸

2 かくれて いる かずは いくつですか。

① 16は 10と **6** です。

② 18は 10と 8 です。

① かずを かぞえましょう。
きょうかしょ37ページ❶、39ページ❷

① いちご **17**

② **14**

③ **15**

④ 10 **20**

❗まちがいちゅうい

② いぬは、まえから なんびきめですか。
きょうかしょ40ページ❹

まえ →
いぬ　**11**ぴきめ

❸ □に あう かずを かきましょう。
きょうかしょ41ページ❺

① 10と 1で **11**　② 10と 4で **14**

③ 17は 10と **7**　④ 12は 10と **2**

⑤ 19は **10**と 9　⑥ 20は **10**と 10

ぴったり**1**

1 集合(種類)ごとに分けて整理してまとめます。
下から順に色を塗りましょう。

ぴったり**2**

1 ぴったり**1** で整理した絵グラフの長さを比べると、イチゴがいちばん長く、バナナがいちばん短いことがわかります。
バナナは2、ミカンは4、イチゴは5だから、数の大きさを比べて、イチゴがいちばん多いと考えても正解です。

ぴったり**3**

1 ②③絵グラフの長さから、いちばん多いもの、少ないものがすぐにわかります。
④ドーナツと長さが同じものを答えます。
②〜④は、数の大きさを比べても正解です。

🏠 おうちのかたへ

1個ずつ絵に印をつけながら色を塗ると、数え忘れたり、2回数えたりする間違いを防ぐことができます。

ぴったり**1**

1 20までの数について、具体物(絵)の数を数字で書く問題です。
①10と2で12(じゅうに)です。
「10といくつ」で「じゅういくつ」と読みます。
②10と10で20(にじゅう)です。

2 20までの数を、「10といくつ」に分解する問題です。

①

②

ぴったり**2**

1 ①10と7で17(じゅうしち)です。
②2、4、6、8、10、12、14で14(じゅうし)です。
③5、10、15で15(じゅうご)です。

2 20までのものの順序を考える問題です。イヌは、前から11番目、「11匹目」です。

3 例えば、「10と1で□」、「11は10と□」、「11は□と1」という、3つの見方が念頭でできるように、繰り返し練習させるとよいでしょう。

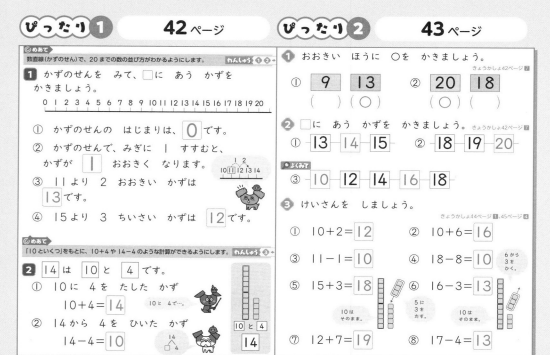

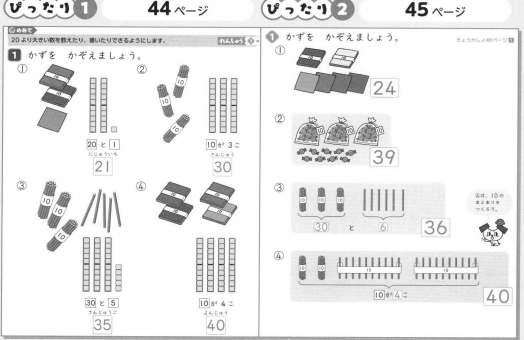

ぴったり1

1　数直線（1年では「かずのせん」）を見て、20までの数について、大小や系列を理解します。
　数直線は、始まりが0で、右に1進むと、数が1大きくなります。
　③「2大きい」から、11から右へ2進みます。
　④「3小さい」から、15から左へ3進みます。

ぴったり2

❶　20までの数の大小を比べる問題です。
❷　20までの数の系列を考える問題です。
　①「13、14、15」と唱えながら、□に数を書きましょう。
　③2とびです。「2、4、6、8、10、12、14、16、18、20」と唱えながら、□に数を書きましょう。
❸　⑤～⑧「十いくつ＋いくつ」、「十いくつ－いくつ」の計算です。
　10はそのままで、「いくつ＋いくつ」、「いくつ－いくつ」を計算します。

ぴったり1

1　20より大きい数は、「何十といくつ」で考えます。
　書き方や読み方に注意しましょう。
　①20と1で「21」と書き、「にじゅういち」と読みます。
　③10が3こで30、30と5で「35」と書き、「さんじゅうご」と読みます。

🏠おうちのかたへ

カレンダーなどには、20より大きい数があります。身の回りにある大きい数にふれ、20より大きい数に慣れさせるようにしましょう。

ぴったり2

❶　20より大きい数について、具体物（絵）の数を数字で書く問題です。
　①10が2こで20、20と4で24です。
　②10が3こで30、30と9で39です。
　③10が3こで30、30と6で36です。
　④ばらが10本で、10のまとまりが1つできます。全部で10のまとまりが4つだから、10が4こで40です。

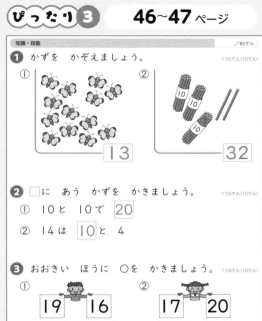

知識・技能　　　/85てん

1 かずを　かぞえましょう。
1つ5てん（10てん）
① 13
② 32

2 □に　あう　かずを　かきましょう。
1つ5てん（10てん）
① 10と　10で　20
② 14は　10と　4

3 おおきい　ほうに　○を　かきましょう。
1つ5てん（10てん）
① 19　16
（○）　（ ）
② 17　20
（ ）　（○）

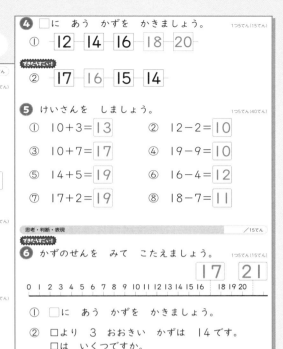

4 □に　あう　かずを　かきましょう。
1つ5てん（15てん）
① 12　14　16　18　20

できたらすごい！
② 17　16　15　14

5 けいさんを　しましょう。
1つ5てん（40てん）
① 10＋3＝13　　　② 12－2＝10
③ 10＋7＝17　　　④ 19－9＝10
⑤ 14＋5＝19　　　⑥ 16－4＝12
⑦ 17＋2＝19　　　⑧ 18－7＝11

思考・判断・表現　　　/15てん

できたらすごい！
6 かずのせんを　みて　こたえましょう。
1つ5てん（15てん）
17　21
0 1 2 3 4 5 6 7 8 9 10 11 12 13 14 15 16　18 19 20
① □に　あう　かずを　かきましょう。
② □より　3　おおきい　かずは　14です。
　□は　いくつですか。
（11）

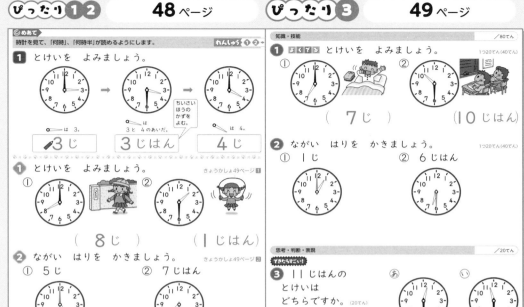

めあて
時計を見て、「何時」、「何時半」が読めるようにします。
れんしゅう ❶ ❷

1 とけいを　よみましょう。
→は 3。
3 と 4 のあいだ。
ちいさいほうのかずをよむ。
→は 4。
3じ　　3じはん　　4じ

1 とけいを　よみましょう。
きょうかしょ49ページ❶
①（ 8じ ）　②（ 1じはん ）

2 ながい　はりを　かきましょう。
きょうかしょ49ページ❸
① 5じ　　② 7じはん

知識・技能　　　/80てん

1 よくでる とけいを　よみましょう。
1つ20てん（40てん）
①（ 7じ ）　②（ 10じはん ）

2 ながい　はりを　かきましょう。
1つ20てん（40てん）
① 1じ　　② 6じはん

思考・判断・表現　　　/20てん

できたらすごい！
3 11じはんの　とけいは　どちらですか。(20てん)
（ い ）
あ　い

ぴったり3

❶ 40までの数について、具体物（絵）の数を数字で書く問題です。
①10と3で13です。
②10が3こで30、30と2で32です。
❷ 20までの数を、「10といくつ」と捉える問題です。
❸ 間違えた場合は、数直線で数の大きさを確かめさせましょう。
❹ ①12、14、16と並んでいることから、左から右へ2ずつ大きくなっていることに気づかせます。
②15、14と並んでいることから、左から右へ1ずつ小さくなっていることに気づかせます。
❺ 「10といくつ」をもとにした、たし算やひき算ができるかどうかを確かめる問題です。
❻ 数直線上で数の系列を捉え、大小の理解を確認する問題です。
②「3大きい」から、□から右へ3進むと14です。
つまり、□は14より「3小さい」から、14から左へ3進みます。

ぴったり1

❶ 「何時」、「何時半」を学習します。短針の位置が基本になるので、短針、長針の順に見るように助言するとよいでしょう。

ぴったり2

❶ ①短針は8を、長針は12を指しているから、8時です。
②短針は1と2の間だから、小さいほうの数の1を読みます。長針は6を指しているから、1時半です。

ぴったり3

❶ ②短針は10と11の間を、長針は6を指しています。
間違えて、「11時半」と答えた場合には、10時→10時半→11時の短針の動きを確認させ、短針は小さいほうの数を読むことを理解させます。
❷ ①「何時」のとき、長針は12です。
②「何時半」のとき、長針は6です。
長針をかきこんだ後で、短針が6と7の間にあるから、6時半であることを確認させるとよいでしょう。

ぴったり❶　　50ページ　　ぴったり❷　　51ページ　　ぴったり❶　　52ページ　　ぴったり❷　　53ページ

◎めあて
3つの数のたし算ができるようにします。　　れんしゅう❶❸

1
すずめが
4わ
います。

3わ
とんで
きます。
4+3=7

2わ
とんで
きます。
7+2=9

すずめは、みんなで
なんわに なりますか。
1つの しきに
かいて、こたえましょう。
しき
4+3+2=9

4+3=7＝7+2=9は、
まちがいだよ。

こたえ　9　わ

◎めあて
3つの数のひき算ができるようにします。　　れんしゅう❷❸

2
つばめが
6わ
います。

1わ
とんで
いきました。
6-1=5

3わ
とんで
いきました。
5-3=2

つばめは、なんわ
のこって いますか。
1つの しきに
かいて、こたえましょう。
しき
6-1-3=2

ちいさく かいて おくと いいね。

こたえ　2　わ

❶ ねこが 6ぴき いました。そこへ 4ひき
きました。あとから 2ひき きました。
ねこは、みんなで なんびきに なりましたか。
1つの しきに かいて、こたえましょう。
きょうかしょ51ページ❶

しき　6+4+2=12　　こたえ　12　ひき

❷ こどもが 10にん います。3にん
かえりました。つぎに 4にん かえりました。
こどもは、なんにん のこって いますか。
1つの しきに かいて、こたえましょう。
きょうかしょ53ページ❸

しき　10-3-4=3　　こたえ　3　にん

❸ けいさんを しましょう。
きょうかしょ52ページ★、53ページ★
① 3+2+1=6　　② 5+3+2=10
③ 2+8+5=15　　④ 6+4+7=17
⑤ 8-3-2=3　　⑥ 9-5-1=3
⑦ 19-9-4=6　　⑧ 18-8-5=5

◎めあて
3つの数のたし算やひき算の混じった計算ができるようにします。　　れんしゅう❶❷❸

1
ばすに
おきゃくさんが
7にん
のって います。

3にん
おりました。
7-3=4

5にん
のります。
4+5=9

①
②
③

おきゃくさんは、なんにんに なりますか。
1つの しきに かいて、こたえましょう。
しき
7-3+5=9

まえから じゅんに
けいさんするよ。

こたえ　9　にん

📖よくよんで

❶ あめが 9こ あります。5こ たべました。
あとから 4こ もらいました。
あめは、なんこに なりましたか。
きょうかしょ54ページ❺

しき　9-5+4=8　　こたえ　8　こ

❷ いけに かもが 8わ います。2わ きました。
つぎに 5わ いなくなりました。
かもは、なんわに なりましたか。
きょうかしょ54ページ❻

しき　8+2-5=5　　こたえ　5　わ

❸ けいさんを しましょう。
きょうかしょ54ページ★、★、★
① 6-4+2=4　　② 10-8+7=9
③ 10-3+1=8　　④ 4+5-3=6
⑤ 3+7-6=4　　⑥ 5+5-9=1
⑦ 1+1+1+1=4　　⑧ 8-2-2-2=2

ぴったり❶

1 はじめに4羽いて、次に3羽増えて、
最後に2羽増えたから、スズメの数
を求める式は、3つの数のたし算に
なります。4+3+2＝9　と、1つ
の式に書くことができます。

2 はじめに6羽いて、次に1羽減って、
最後に3羽減ったから、ツバメの数
を求める式は、3つの数のひき算に
なります。6-1-3＝2　と、
ひき算も1つの式に書くことができ
ます。

ぴったり❷

❶ 6匹いたところに4匹増えて、
さらに2匹増えたから、
6+4+2＝12

　6+4=10
　10+2=12

❷ 10人から3人減って、さらに4人
減ったから、
10-3-4＝3

　10-3=7
　7-4=3

❸ はじめの計算の答えを小さく書いて
おくとよいでしょう。
⑦19-9-4=6
　10

ぴったり❶

1 3つの数のたし算とひき算の混じった
計算です。これまでと同じように、
前から順に2つの数の計算を繰り返し
ます。
わかりづらい場合は、絵を見たり、
文を読んだりして、問題場面通りに
算数ブロックを動かしてみるとよい
でしょう。

ぴったり❷

❶ 9個から5個減って、4個増えたから、
9-5+4=8

　9-5=4
　4+4=8

❷ 8羽いたところに2羽増えて、
そこから5羽減ったから、
8+2-5=5

　8+2=10
　10-5=5

❸ はじめの計算の答えを小さく書いて
おき、続けて後の計算をしましょう。
②10-8+7=9
　2

ぴったり3　54〜55ページ

知識・技能　　　　　　　　　　　/50てん

❶ けいさんを しましょう。　ぜんぶできて 1もん5てん(10てん)

① かるがもは、みんなで なんわに なりましたか。

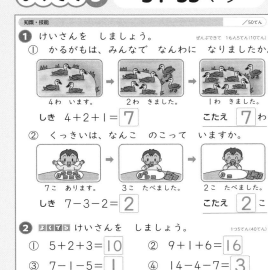

4わ います。　2わ きました。　1わ きました。

しき 4+2+1=7　　こたえ 7 わ

② くっきいは、なんこ のこって いますか。

7こ あります。　3こ たべました。　2こ たべました。

しき 7-3-2=2　　こたえ 2 こ

❷ ⟨よく てる⟩ けいさんを しましょう。　1つ5てん(40てん)

① 5+2+3=10　　② 9+1+6=16

③ 7-1-5=1　　④ 14-4-7=3

⑤ 5-4+7=8　　⑥ 10-6+3=7

⑦ 3+6-5=4　　⑧ 6-2-2-2=0

思考・判断・表現　　　　　　　　/50てん

❸ おはじきを 7こ もって います。3こ もらいました。あとから 5こ かいました。おはじきは、なんこに なりましたか。
しき・こたえ 1つ10てん(20てん)

しき 7+3+5=15　　こたえ 15 こ

❹ こうえんに こどもが 10にん います。5にん かえりました。つぎに 4にん きました。こどもは、なんにんに なりましたか。
しき・こたえ 1つ10てん(20てん)

しき 10-5+4=9　　こたえ 9 にん

❺ 4+2-3 の しきに なる おはなしは、あと ⟨い⟩の どちらですか。　(10てん)

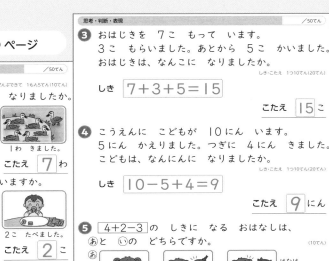

あ　4ほん あります。　2ほん あげました。　3ぼん もらいました。　はなは、なんぼんに なりましたか。

い　4ほん あります。　2ほん もらいました。　3ぼん あげました。　はなは、なんぼんに なりましたか。

(い)

---

⑩ どちらが おおい

ぴったり①② 56ページ

◆めあて　単位を決めて、そのいくつ分で水のかさが比べられるようにします。　れんしゅう❷→

❶ あと ⟨い⟩に はいって いる みずは、どちらが どれだけ おおいでしょうか。

こっぷの いくつぶんで あらわそう。

あ　コップの 4 はいぶん

い　コップの 6 ぱいぶん

⟨い⟩の ほうが コップ 2 はいぶん おおい。

❶ おおい ほうに ○を かきましょう。　きょうかしょ56ページ②

① (　) (○)　② (○) (　)

❷ はいる みずが いちばん おおいのは、あ、い、うの どれですか。　きょうかしょ57ページ④

あ　い　う

(い)

ぴったり③ 57ページ

知識・技能　　　　　　　　　　　/60てん

❶ はいる みずが おおい ほうに ○を かきましょう。　1つ20てん(40てん)

① あ あふれた　あ (○) い (　)

② う え　う (　) え (○)

❷ あと ⟨い⟩に はいって いる みずは、どちらが どれだけ おおいでしょうか。　(20てん)

あ　い

(⟨い⟩の ほうが コップ 3 ばいぶん おおい。)

思考・判断・表現　　　　　　　　/40てん

⟨できたらすごい!⟩

❸ はいって いる みずは、あの ほうが おおいと いえますか。わけも かきましょう。　1つ20てん(40てん)

あ　い

いえるか、いえないか。	わけ
いえない。	(れい)ちがう おおきさの こっぷで くらべて いるから。

ぴったり3

❶ ①増えて、さらに増える場面です。
②減って、さらに減る場面です。

❷ はじめの計算の答えを小さく書いておき、続けて後の計算をすると、計算の間違いを減らせます。
慣れてきたら、はじめの計算の答えを書かなくても、続けて計算できるようにしましょう。
②や④のように、はじめの計算の答えが10になる計算は、この後学習する、繰り上がりのあるたし算や繰り下がりのあるひき算で役立ちます。

⑧4つの数の計算も、前から順に計算します。

❺ あの絵は、4本から2本減って、3本増えたから、1つの式に書くと、4-2+3=5 です。
いの絵は、4本あったところに2本増えて、そこから3本減ったから、1つの式に書くと、4+2-3=3 です。

ぴったり1

❶ コップを単位として、水のかさ(体積)を「コップいくつ分」と表して比べています。「いくつ分」と数値化すると、水のかさを数の大小で比べられます。
6-4=2で、いのほうがコップ2杯分多いことがわかります。

ぴったり2

❶ ②水の高さが同じだから、容器の底面積が大きいほうが、水のかさが多いといえます。

ぴったり3

❶ ①あの水をいに移しかえています。あふれているから、あに入っていた水のほうが、いに入る水よりも多いことがわかります。
②うとえに入った水を、同じ容器に移して比べています。容器の底面積が同じだから、高さが高いうのほうが、水のかさが多いといえます。

❸ 単位となるコップは、同じ大きさのものを使わないと、水のかさを比べることはできません。

11 たしざん

ぴったり1 58ページ

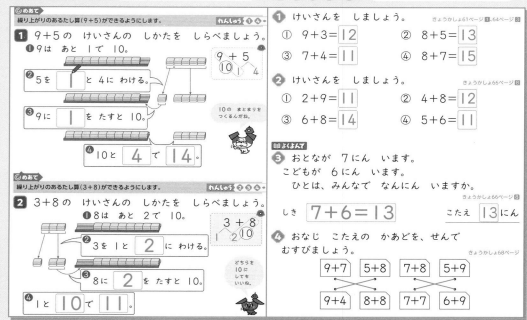

◎めあて 繰り上がりのあるたし算(9+5)ができるようにします。　れんしゅう ①④

❶ 9+5の けいさんの しかたを しらべましょう。
❶9は あと 1で 10。

9 + 5
10　1　4

❷5を [1] と 4に わける。

10の まとまりを つくるんだね。

❸9に [1] を たすと 10。

❹ 10と [4] で [14]。

◎めあて 繰り上がりのあるたし算(3+8)ができるようにします。　れんしゅう ②③④

❷ 3+8の けいさんの しかたを しらべましょう。
❶8は あと 2で 10。

3 + 8
2　10

❷ 3を 1と [2] に わける。

どちらを 10に しても いいね。

❸ 8に [2] を たすと 10。

❹ 1と [10] で [11]。

ぴったり2 59ページ

❶ けいさんを しましょう。　きょうかしょ61ページ❶、64ページ❸
① 9+3= [12]　　② 8+5= [13]
③ 7+4= [11]　　④ 8+7= [15]

❷ けいさんを しましょう。　きょうかしょ66ページ❸
① 2+9= [11]　　② 4+8= [12]
③ 6+8= [14]　　④ 5+6= [11]

📖 よくよんで
❸ おとなが 7にん います。
こどもが 6にん います。
ひとは、みんなで なんにん いますか。
きょうかしょ66ページ❸

しき [7+6=13]　こたえ [13]にん

❹ おなじ こたえの かあどを、せんで むすびましょう。　きょうかしょ68ページ

9+7　5+8　7+8　5+9

9+4　8+8　7+7　6+9

ぴったり3 60〜61ページ

知識・技能　　／70てん

❶ □に あう かずを かきましょう。　1つ5てん(30てん)
① [8+6]

❶ 8は あと 2で 10。
❷ 6を [2] と 4に わける。
❸ 8に [2] を たすと 10。
❹ 10と [4] で 14。

② [3+9]

3+9
2　1

❶ 9は あと 1で 10。
❷ 3を 2と [1] に わける。
❸ 9に [1] を たすと 10。
❹ [2] と 10で 12。

❷ よくできる けいさんを しましょう。　1つ5てん(40てん)
① 6+5= [11]　　② 9+6= [15]
③ 7+9= [16]　　④ 6+7= [13]
⑤ 8+9= [17]　　⑥ 4+9= [13]
⑦ 8+3= [11]　　⑧ 5+7= [12]

思考・判断・表現　　／30てん

❸ よくできる そらさんは、きのう つるを 6わ、
きょう 9わ おりました。
あわせて なんわ おりましたか。　しき・こたえ 1つ5てん(10てん)

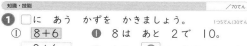

しき [6+9=15]
こたえ ([15] わ)

❹ よくできる きんぎょを 8ひき かって います。
4ひき もらいました。
きんぎょは、ぜんぶで なんびきに なりましたか。　しき・こたえ 1つ5てん(10てん)

しき [8+4=12]
こたえ ([12] ひき)

できたらすごい
❺ したのような 9まいの かあどを つかって、
(れい)のように、こたえが 15に なる
たしざんの しきを、2つ つくりましょう。

1　2　3　4　5　6　7　8　9

(れい) [8] + [7] =15

ぜんぶできて 1もん5てん(10てん)

(れい)
① [9] + [6] =15　　② [6] + [9] =15

ぴったり1

❶ (1けた)+(1けた)で、繰り上がり
のあるたし算です。たされる数の
ほうが 10に近いので、たす数を分解
して、10のまとまりをつくって
計算します。

❷ (1けた)+(1けた)で、繰り上がり
のあるたし算です。たす数のほうが
10に近いので、たされる数を分解
して、10のまとまりをつくって
計算します。

ぴったり2

❶ ③7はあと3で10。
4を3と1に分ける。
7に3をたすと10。
10と1で11。

❷ ②8はあと2で10。
4を2と2に分ける。
8に2をたすと10。
10と2で12。

❸ 合併の場面です。たし算で求めます。
正しく式に書きましょう。

❹ たし算の計算カードの式を見て、
答えを言う練習をしましょう。

ぴったり3

❶ ①たされる数を
10にします。

②たす数を10に
します。

❷ ② 9+6

⑧ 5+7

❸ 合併の場面です。たし算で求めます。
正しく式に書き、10のまとまりを
つくって計算しましょう。

❹ 増加の場面です。たし算で求めます。

❺ 6+9、7+8、9+6　の3つの
うちの2つが書けていれば正解です。
2つ正しくつくれたら、他にはない
か、考えさせてみてもよいでしょう。

ぴったり❶ 　　62ページ　　　　**ぴったり❷** 　　63ページ　　　　　**ぴったり❸** 　　64〜65ページ

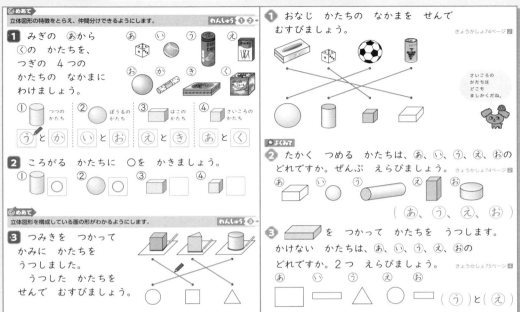

●めあて
立体図形の特徴をとらえ、仲間分けできるようにします。　　れんしゅう❶❷

❶ みぎの あから くの かたちを、つぎの 4つの かたちの なかまに わけましょう。

① つつの かたち　 ② ぼうるの かたち　 ③ はこの かたち　 ④ さいころの かたち

う と か　　 い と お　　 え と き　　 あ と く

❷ ころがる かたちに ○を かきましょう。

① ○　 ② ○　 ③ □　 ④ □

●めあて
立体図形を構成している面の形がわかるようにします。　　れんしゅう❸

❸ つみきを つかって かみに かたちを うつしました。
うつした かたちを せんで むすびましょう。

ぴったり❷

❶ おなじ かたちの なかまを せんで むすびましょう。　きょうかしょ74ページ②

さいころの かたちは どこも ましかくだね。

●よくみて
❷ たかく つめる かたちは、あ、い、う、え、おの どれですか。ぜんぶ えらびましょう。　きょうかしょ74ページ②

（ あ、 う、 え、 お ）

❸ □を つかって かたちを うつします。かけない かたちは、あ、い、う、え、おの どれですか。2つ えらびましょう。　きょうかしょ75ページ④

（ う ）と（ え ）

知識・技能　　　　　　　/50てん

❶ よくてる おなじ かたちの なかまを せんで むすびましょう。　1つ5てん(20てん)

❷ うつした かたちを せんで むすびましょう。　1つ10てん(30てん)

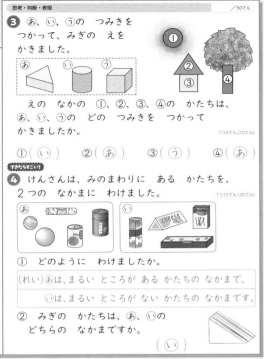

思考・判断・表現　　　　　　/50てん

❸ あ、い、うの つみきを つかって、みぎの えを かきました。

えの なかの ①、②、③、④の かたちは、あ、い、うの どの つみきを つかって かきましたか。　1つ5てん(20てん)

①（ い ）　 ②（ あ ）　 ③（ う ）　 ④（ あ ）

❹ けんさんは、みのまわりに ある かたちを、2つの なかまに わけました。　1つ15てん(30てん)

① どのように わけましたか。

（れい）あは、まるい ところが ある かたちの なかまで、いは、まるい ところが ない かたちの なかまです。

② みぎの かたちは、あ、いの どちらの なかまですか。

（ い ）

ぴったり❶

❶ いろいろな色、大きさ、材質の立体がありますが、形の特徴から、大きく次の4つに分類できます。
A「ぼうるのかたち」（球）
B「つつのかたち」（円柱）
C「さいころのかたち」（立方体）
D「はこのかたち」（直方体）
答えの順序が違っていても正解です。

❷ 「つつのかたち」と「ぼうるのかたち」は、転がる形です。

❸ 写した形は、見えている面ではなく、紙と接している面の形になります。

ぴったり❷

❶ 形の特徴から、立体を整理できるようにするとよいでしょう。

❷ 平らな面（平面）があると積むことができます。うの「つつのかたち」も立てると積めることに気づかせましょう。
答えの順序が違っていても正解です。

❸ 「はこのかたち」の面は、「ながしかく」（長方形）か「ましかく」（正方形）です。実際に同じような立体を使って面の形を写してみるとよいでしょう。
答えの順序が違っていても正解です。

ぴったり❸

❶ ボールは、「ぼうるのかたち」、箱（立方体）は、「さいころのかたち」です。
缶ジュースと缶詰は、底面と高さのバランスが違いますが、ともに「つつのかたち」、ティッシュの箱とラップの箱も、縦・横・高さのバランスが違いますが、ともに「はこのかたち」です。抽象化して立体を捉えられるようにしていくと、2年生以降の学習につながります。

❷❸ 写した形から、「まる」（円）、「さんかく」（三角形）、「しかく」（四角形）などを見出せると、「⑱かたちづくり」の学習につながります。

🏠おうちのかたへ
身の回りにある形を紙に写し、その形を仲間分けさせてみましょう。

❹ ①曲面がある立体と、曲面がない立体という内容が書けていれば正解です。

⓭ ひきざん

ぴったり1　66ページ

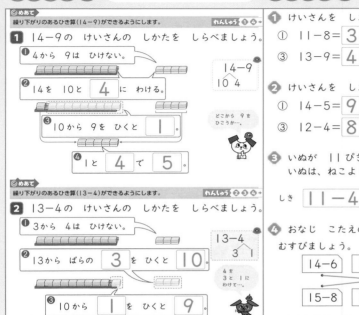

◎めあて　繰り下がりのあるひき算（14−9）ができるようにします。　わんしゅう❶❹

1 14−9 の けいさんの しかたを しらべましょう。

❶ 4から 9は ひけない。

❷ 14を 10と **4** に わける。

どこから 9を ひこうか…

14−9
10 4

❸ 10から 9を ひくと **1**。

❹ **1**と **4** で **5**。

◎めあて　繰り下がりのあるひき算（13−4）ができるようにします。　わんしゅう❷❸❹

2 13−4 の けいさんの しかたを しらべましょう。

❶ 3から 4は ひけない。

❷ 13から ばらの **3** を ひくと **10**。

13−4
3 1

4を 3と1に わけて…

❸ 10から **1** を ひくと **9**。

ぴったり2　67ページ

1 けいさんを しましょう。　きょうかしょ77ページ❶、79ページ❸

① 11−8= **3**　　② 12−7= **5**

③ 13−9= **4**　　④ 14−8= **6**

2 けいさんを しましょう。　きょうかしょ81ページ❸

① 14−5= **9**　　② 11−3= **8**

③ 12−4= **8**　　④ 13−5= **8**

3 いぬが 11ぴき、ねこが 4ひき います。いぬは、ねこより なんびき おおいでしょうか。　きょうかしょ81ページ❸

しき **11−4=7**　　こたえ **7** ひき

4 おなじ こたえの かあどを、せんで むすびましょう。　きょうかしょ83ページ

14−6	15−9	16−9	11−7
15−8	13−7	12−8	15−7

ぴったり3　68〜69ページ

知識・技能　　/70てん

1 □に あう かずを かきましょう。　1つ5てん(30てん)

① 13−8
　13−8
　10 3

❶ 3から 8は ひけない。

❷ 13を **10** と 3に わける。

❸ **10** から 8を ひいて 2。

❹ 2と **3** で 5。

② 12−3
　12−3
　2 1

❶ 2から 3は ひけない。

❷ 3を **2** と 1に わける。

❸ 12から **2** を ひいて 10。

❹ 10から **1** を ひいて 9。

2 りくてつ けいさんを しましょう。　1つ5てん(40てん)

① 17−8= **9**　　② 12−5= **7**

③ 13−6= **7**　　④ 11−6= **5**

⑤ 14−9= **5**　　⑥ 16−7= **9**

⑦ 18−9= **9**　　⑧ 11−9= **2**

思考・判断・表現　　/30てん

3 りくてつ かきが 12こ あります。9こ あげると、のこりは なんこに なりますか。　しき・こたえ 1つ5てん(10てん)

しき **12−9=3**

こたえ（ **3** こ ）

4 きりんが 6とう、しまうまが 15とう います。どちらが なんとう おおいでしょうか。　しき・こたえ 1つ5てん(10てん)

しき **15−6=9**

こたえ **しまうまが** **9** **とう おおい。**

できたらすごい！

5 えを みて、11−5の しきに なる もんだいを、「ねこが」に つづけて かきましょう。　(10てん)

ねこが（れい）11ぴき います。

5ひき いなく なると、

のこりは なんびきに

なりますか。

ぴったり1

1 （2けた）−（1けた）で、繰り下がりのあるひき算です。ひく数が大きいので、ひかれる数を「10といくつ」に分け、10からひいて、「いくつ」をたします。

2 （2けた）−（1けた）で、繰り下がりのあるひき算です。ひかれる数の一の位の数とひく数の差が小さいので、ひく数を分解して、2回に分けてひきます。

ぴったり2

1 ①1から8はひけない。　11−8
　11を10と1に分ける。　10 1
　10から8をひくと2。
　2と1で3。

2 ①4から5はひけない。　14−5
　5を4と1に分ける。　4 1
　14から4をひくと10。
　10から1をひいて9。

3 求差の場面です。ひき算で求めます。正しく式に書きましょう。

4 ひき算の計算カードの式を見て、答えを言う練習をしましょう。

ぴったり3

1 ①ひかれる数を分けます。　13−8
　10−8=2　　　　　　10 3
　2+3=5
　ひいて、たします。

　②ひく数を分けます。　12−3
　12−2=10　　　　　　2 1
　10−1=9
　ひいて、ひきます。

2 ⑦計算しやすい方法で考えましょう。
　18−9　　　18−9
　10 8　　　　8 1

3 求残の場面です。ひき算で求めます。正しく式に書きましょう。

4 求差の場面です。ひき算で求めます。

5 問題を読んで、式に書くことができるようになったら、逆に、式から問題をつくる練習をしましょう。
文章⇔式⇔図（算数ブロック操作など）を自由に行き来できるようになるとよいでしょう。

どんな けいさんに なるのかな？

70〜71ページ

① いけに 5とう くると、みずあびを して いる
ぞうは なんとうに なりますか。

いま、いけに なんとう いるかな？

しき 7＋5＝12

こたえ（ 12とう ）

② うさぎは ぜんぶで 16ぴき います。こやの
なかには、なんびき いますか。

こやの そとに、なんびき いるかな？

しき 16－9＝7

こたえ（ 7ひき ）

③ ささを もって いる ぱんだと もって いない
ぱんだでは、どちらが なんとう おおいでしょうか。

しき 11－6＝5

こたえ（ ささを もって いる ぱんだが、
5とう おおい。 ）

④ おとなと こどもを あわせると、きりんは
みんなで なんとうに なりますか。

しき 9＋4＝13

えを みて、ほかの もんだいも つくって みよう。

こたえ（ 13とう ）

けいさん ぴらみっど

72〜73ページ

つぎの やくそくに したがって かずを いれます。

〈やくそく〉
となりどうしの
かずを たします。
こたえは、うえの
ますに かきます。

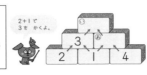

2＋1で
3を かくよ。

① □に あう かずを かきましょう。
① となりどうしの かずを たして、うえの
ますに こたえを かくから、あに はいる
かずは、1＋4＝ 5 で、 5 です。

② ⊙に はいる かずは、
3＋ 5 ＝ 8 で、 8 です。

② □に あう かずを かきましょう。
① 2と あに はいる
かずを たすと 6。
2＋あ＝6 だから、
あ は 4 です。

② あと ⊙に はいる かずを たすと 9。
あ＋⊙＝9 だから、□は 5 です。

③ ますに あてはまる かずを かきましょう。

①  14 / 8 6 / 3 5 1

② 11 / 7 4 / 5 2 2

③ 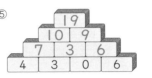 13 / 8 5 / 7 1 4

④ 18 / 9 9 / 5 4 5

⑤  19 / 10 9 / 7 3 6 / 4 3 0 6

⑥ 17 / 8 9 / 6 2 7 / 5 1 1 6

---

① 問題文を読みましょう。増加の場面
です。たし算で求めます。
絵を見て、池で水浴びをしている
ゾウは、何頭いるか数えます。
7頭いて、そこへ5頭来るので、
式は、7＋5＝12 になります。

② 求補の場面です。ひき算で求めます。
小屋の外にいるウサギは9羽（匹）
います。ウサギは全部で16羽（匹）
いるので、式は、16－9＝7 にな
ります。

③ 求差の場面です。ひき算で求めます。

笹を持っているパンダは11頭、
笹を持っていないパンダは6頭いる
ので、式は、11－6＝5 になります。

④ 合併の場面です。たし算で求めます。
おとなのキリンは9頭、子どもの
キリンは4頭いるので、式は、
9＋4＝13 になります。

🏠 おうちのかたへ
絵の中には、動物のほかに花があります。
花の絵を見て、問題づくりをさせて
みましょう。

---

① 下から順に考えます。

② いちばん下の数がわからないので、
上から考えます。

③ ㋐→㋑→㋒→㋓→㋔→㋕の順に、
ますに入る数を考えていきます。
（考え方は、他にもあります。）

①  ㋒ / ㋐ ㋑ / 3 5 1

㋐ 3＋5＝8 ㋑ 5＋1＝6
㋒ 8＋6＝14

③  13 / 8 ㋐ / 7 ㋑ ㋒

㋐ 13－8＝5 ㋑ 8－7＝1
㋒ 5－1＝4

⑥  17 / ㋐ 9 / ㋑ 2 ㋒ / 5 ㋓ ㋔ ㋕

㋐ 17－9＝8 ㋑ 8－2＝6
㋒ 9－2＝7 ㋓ 6－5＝1
㋔ 2－1＝1 ㋕ 7－1＝6

⑭ おおきい かず

ぴったり① 　　**74**ページ 　　**ぴったり②** 　　**75**ページ 　　**ぴったり①** 　　**76**ページ 　　**ぴったり②** 　　**77**ページ

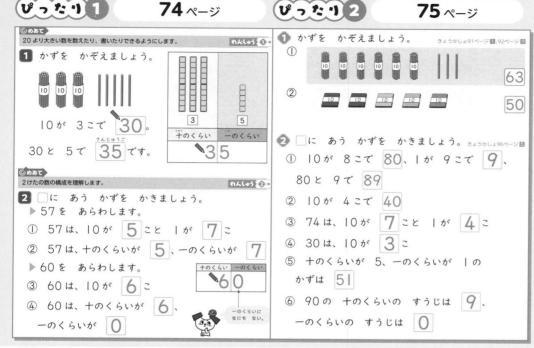

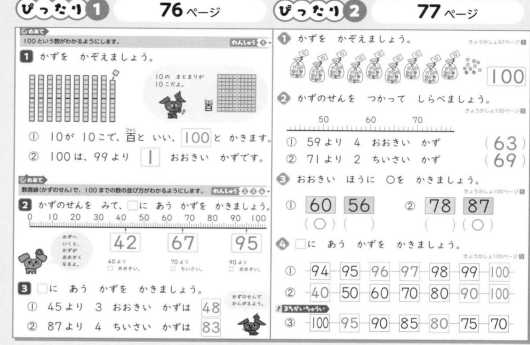

ぴったり①

1 20より大きい数は、10のまとまりが何個と、ばらが何個で数えます。十の位の数字は、10のまとまりが何個あるかを表していることをしっかり理解します。

2 2けたの数のしくみを理解します。2けたの数の読み方や書き方を確認しましょう。

ぴったり②

1 ①10のまとまりが6個で、60。
ばらが3。
60と3をあわせて、63。
②10のまとまりが5個で、50。

2 2けたの数の左の位を十の位、右の位を一の位といいます。十の位の数字は10のまとまりの個数を、一の位の数字はばらの個数を表しています。
①10が8個で80、1が9個で9、80と9で89と書きます。809と書かないように注意しましょう。

ぴったり①

1 ①10が10個で100（百）です。
②100は99の次の数です。
「100までの数の表」で確認しましょう。

2 「かずのせん」（数直線）で、100までの数の並び方を理解しましょう。

3 「かずのせん」（数直線）を使って考えます。右へ進むと数が大きくなり、左へ進むと数が小さくなります。

ぴったり②

1 10のまとまりが9個と、ばらが10個なので、10のまとまりが10個で、100です。

2 ①59から、右へ4進むと、63です。
②71から、左へ2進むと、69です。

3 「かずのせん」（数直線）を使って考えます。右のほうにある数ほど、大きくなります。

4 連続している数の並びから考えます。
②10ずつ増えています。
③5ずつ減っています。

20

78ページ（ぴったり1）

◎めあて
100をこえる数の数え方、表し方がわかるようにします。　れんしゅう①②

1　かずを　かぞえましょう。

①
100と　2で　ひゃくにと　いい、
$\boxed{102}$と　かきます。

ひゃくに は、1002 とは かきません。

②
100と　13で　ひゃくじゅうさんと　いい、
$\boxed{113}$と　かきます。

◎めあて
100をこえる数の系列がわかるようにします。　れんしゅう③

2　□に　あう　かずを　かきましょう。

① 99—100—101—102—103—
② 112—113—114—115—116—
③ 119—120—121—122—123—

79ページ（ぴったり2）

1　かずを　かぞえましょう。　きょうかしょ101ページ①

① $\boxed{104}$
② $\boxed{117}$
③ $\boxed{120}$
④ $\boxed{124}$

2　かずを　すうじで　かきましょう。　きょうかしょ101ページ①
① ひゃくいち（$\boxed{101}$）　② ひゃくじゅう（$\boxed{110}$）

▶よくみて
3　□に　あう　かずを　かきましょう。　きょうかしょ101ページ①
① —107—108—109—110—111—
② —118—119—120—121—122—

80ページ（ぴったり1）

◎めあて
「何十といくつ」をもとに、計算ができるようにします。　れんしゅう①②

1　45は　40と　5です。
① 40に　5を　たした　かず
　40+5=$\boxed{45}$
② 45から　5を　ひいた　かず
　45-5=$\boxed{40}$

45
40 5

◎めあて
「10の束がいくつ」をもとに、計算ができるようにします。　れんしゅう③

2　けいさんの　しかたを　かんがえましょう。

① 20+30
10の　たばが
2ことと　3こで　$\boxed{5}$こ。
20+30=$\boxed{50}$

② 40-20
10の　たば　4こから
2こを　ひいて　$\boxed{2}$こ。
40-20=$\boxed{20}$

81ページ（ぴったり2）

1　けいさんを　しましょう。　きょうかしょ102ページ①
① 30+8=$\boxed{38}$　　② 60+9=$\boxed{69}$
③ 57-7=$\boxed{50}$　　④ 92-2=$\boxed{90}$

2　けいさんを　しましょう。　きょうかしょ103ページ④
① 24+2=$\boxed{26}$　　④ 27-2=$\boxed{25}$
そのまま　4+2　　そのまま　7-2
② 55+3=$\boxed{58}$　　⑤ 76-3=$\boxed{73}$
③ 62+7=$\boxed{69}$　　⑥ 97-4=$\boxed{93}$

3　けいさんを　しましょう。　きょうかしょ104ページ⑥⑦
① 30+40=$\boxed{70}$　　② 70+30=$\boxed{100}$
③ 80-50=$\boxed{30}$　　④ 100-60=$\boxed{40}$

ぴったり1

1　100より大きい数のしくみを理解します。
100といくつで考えます。読み方や書き方をしっかり練習しましょう。

2　100より大きい数の並び方を理解します。
①1ずつ増えています。
102の次は、100と3で103です。
③1ずつ増えています。
120の次は、100と21で121です。

ぴったり2

1　①10のまとまりが9個と、ばらが14枚なので、10のまとまりが10個とばらが4枚になります。
10のまとまりが10個で、100。
100と4をあわせて、104です。
④100と24をあわせて、124です。

2　①1001と書かないように注意しましょう。

3　120程度までの数の並びは、すらすら言えるようになるまで、くり返し練習しておきましょう。

ぴったり1

1　「何十といくつ」をもとにした計算のしかたを理解します。

2　「10の束がいくつ」をもとにした計算のしかたを理解します。

ぴったり2

2　「何十といくつ」をもとにして考えて、ばらの数を計算します。
②55は、50と5。
5に3をたして8。
50と8で58。
55+3
50 5
⑤76は、70と6。
6から3をひいて3。
70と3で73。
76-3
70 6

3　④10の束が10個と6個で、10個から6個をひいて4個だから、40。

ぴったり3 82〜83ページ

知識・技能 　　　　　　　　　　/80てん

1 かずを かぞえましょう。
1つ5てん(10てん)

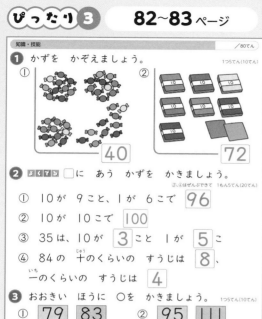

① **40**　② **72**

2 □に あう かずを かきましょう。
□ぶはぜんぶできて 1もん5てん(20てん)

① 10が 9こと、1が 6こで **96**
② 10が 10こで **100**
③ 35は、10が **3** こと 1が **5** こ
④ 84の 十のくらいの すうじは **8**、
一のくらいの すうじは **4**

3 おおきい ほうに ○を かきましょう。1つ5てん(10てん)
① 79 83 ② 95 111
　( )（○）　( )（○）

4 したの かずのせんで、あ、いの めもりが
あらわす かずは いくつですか。
1つ5てん(10てん)

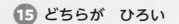

あ （ **59** ）　い （ **115** ）

5 けいさんを しましょう。
1つ5てん(30てん)
① 70+2=**72**　② 46−6=**40**
③ 34+5=**39**　④ 85−2=**83**
⑤ 60+20=**80**　⑥ 100−50=**50**

思考・判断・表現 　　　　　　　/20てん

6 ‖ならびかた しらべ‖を みて、
こたえましょう。
1つ10てん(20てん)

0	1	2	3	4	5	6	7	8	9
10	11	12	13	14	15	16	17	18	19
20	21	22	23	24	25	26	27	28	29
30	31	32	33	34	35	36	37	38	39
40	41	42	43	44	45	46	47	48	49
50	51	52	53	54	55	56	57	58	59
60	61	62	63	64	65	66	67	68	69
70	71	72	73	74	75	76	77	78	79
80	81	82	83	84	85	86	87	88	89
90	91	92	93	94	95	96	97	98	99
100									

① あ **8** の れつの かずは、
どんな ならびかたですか。

(れい)
・10ずつ おおきく なって いる。
・一のくらいが 8に なって いる。

② ＋の まんなかの いの かずは
いくつですか。
（ **74** ）

⑮ どちらが ひろい

ぴったり1 2 84ページ

めあて
単位を決めて、そのいくつ分で広さが比べられるようにします。 れんしゅう ❷→

1 どちらが どれだけ ひろいでしょうか。
あ　□□の **12** こぶん　い　□の **10** こぶん

こたえ あ の ほうが □の **2** こぶん ひろい。

1 ひろい ほうに ○を かきましょう。
きょうかしょ106ページ ①

（○）

2 じんとりあそびを
しました。
どちらの かちですか。
きょうかしょ107ページ ③

▶あやさん… **11** ます　▶ひろむさん… **9** ます
ひろい ほうが かち。
こたえ **あや** さんの かち。

ぴったり3 85ページ

知識・技能 　　　　　　　　　/70てん

1 ひろい ほうに ○を かきましょう。
1つ20てん(40てん)

① あ（○）い( )
② う（○）え( )

2 ひろい じゅんに あ、い、うを
かきましょう。
(30てん)

（ あ → う → い ）

思考・判断・表現 　　　　　　　/30てん

3 じんとりあそびを
して います。それぞれ
あと なんます ぬると、
ひきわけに なりますか。
ぜんぶできて 30てん

▶ゆきのさん　▶ひびとさん
（ **1** ます）　（ **3** ます）

ぴったり3

1 「10のまとまりが何個と、ばらが
何個」と唱えながら数えましょう。
①ばら10個を線で囲んで、10の
まとまりをつくりましょう。
10のまとまりが4個です。

2 ②10のまとまりが10個で、
100(百)です。

3 「かずのせん」(数直線)を使って
考えます。
②95は100より小さく、111は
100より大きいから、111のほう
が大きいです。

4 あ60より、1目盛り左なので59。

5 ②46は、40と6。
6から6をひいて0だから、40。

6 ①あの列だけでなく、他の縦の列も
見てみて、どの列も、それぞれ
一の位に同じ数が並んでいることや、
上から下へ10ずつ増えていること
に気づかせましょう。
②いの上下左右の数も答えて
みましょう。

ぴったり1

1 単位を決めて、そのいくつ分で
どちらがどれだけ広いかを比べます。

ぴったり2

1 2つのものを端をそろえて重ね、
広さを比べています。

2 ます(方眼)を単位として、広さを
「ますいくつ分」と表して比べています。
「ますいくつ分」と数値化すると、
広さを数の大小で比べられます。

ぴったり3

2 あは12個分、いは9個分、
うは10個分です。

3 図を見ると、ゆきのさんは9ます、
ひびとさんは7ます塗っています。
全部で20ますあるので、2人とも
10ますずつ塗ると引き分けです。
ゆきのさん…10−9=1　あと1ます
ひびとさん…10−7=3　あと3ます

🏠 おうちのかたへ
広さの比べ方の理解を深めるために、
実際に陣取り遊びをするのもよいでしょう。

ぴったり**1 2**　　86ページ　　ぴったり**3**　　87ページ

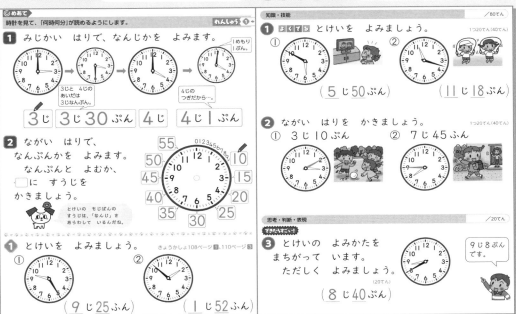

ビルを つくろう

88〜89ページ

いろいた ▨ を つかって ビルを つくりましょう。
したの やくそくを よんで ビルを つくります。

〈やくそく〉
❶ しかくの ビルを つくる。
❷ いろいた 1まいを 1つの へやに する。
❸ ぜんぶの いろいたを つかう。
❹ いろいたは、くっつけて ならべる。

9まいの いろいたを つかうと、みぎのような ビルが できます。

1つの かいに 3へや ある、3かいだての ビルが できます。しきに かくと、3+3+3=9 です。

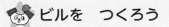

1 10まいの いろいたで ビルを つくります。
▢に あう かずを かきましょう。

① ゆきさんは、1つの かいに 5へや ある 2 かいだての ビルを つくりました。
しきに かくと、5+5=10 です。

② けんたさんは、1つの かいに 2へや ある 5 かいだての ビルを つくりました。
しきに かくと、
2+2+2+2+2=10 です。

2 12まいの いろいたで ビルを 2つ つくりましょう。
それぞれ しきに かきましょう。

(れい)　　　　　(れい)

しき 6+6=12　　しき 4+4+4=12

ぴったり1

1 短針で「何時」を、長針で「何分」を読みます。
短針が数字と数字の間にある場合は、通り過ぎた数字を、長針はいちばん小さい目盛り（1目盛りは1分）を読みます。

ぴったり2

1 ①短針は9と10の間だから、9時何分です。長針は5を指しているから、25分です。
②長針は50分から2目盛り進んだところだから、52分です。

ぴったり3

1 ①「6じ50ぷん」と答えないようにしましょう。5と6の間だから、5時何分です。

2 ①「10ぷん」だから、長針が2を指すようにかきます。「10」を指してしまう間違いがあります。長針はいちばん小さい目盛りで数えることを確認しましょう。

3 短針は8と9の間だから、8時何分です。長針は8を指しているから、40分です。

1 10枚の色板を使って、「○部屋で△階建てのビル」を作るという問題のねらいは、10という数を「○×△」という構成で捉えることです。
色板を並べて考えることで、1年生の児童にも理解しやすくなります。
ただ、かけ算はまだ学習していないので、「○を△回たす」式を書いて、答えを求めます。

2 12枚の色板を並べる代わりに、方眼にビルの形（長方形）をかきます。
・6部屋の2階建…6+6

・4部屋の3階建…4+4+4
・3部屋の4階建…3+3+3+3
・2部屋の6階建
　　…2+2+2+2+2+2
4つのうちの2つが書けていれば、正解です。

⑰ たしざんと ひきざん

ぴったり1 90ページ   **ぴったり2** 91ページ   **ぴったり1** 92ページ   **ぴったり2** 93ページ

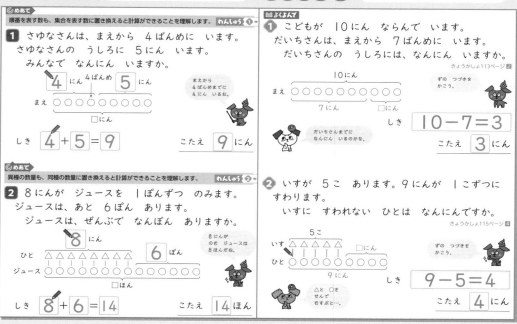

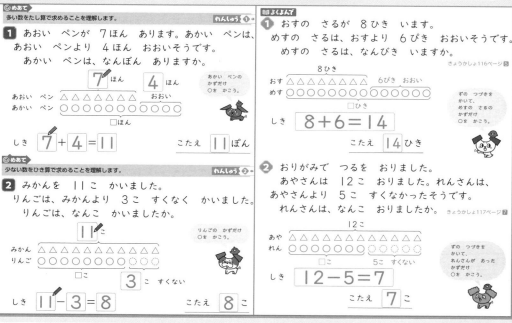

ぴったり1

1 順番を表す数(○番目)を、集合を表す数(○人)に置き換えて考えます。
前から4番目までに4人いるので、後ろの5人とあわせると、
4+5=9 になります。

2 単位が違うものどうしの計算はできません。ここでは、人の数をもの(ジュース)の数に置き換えて考えます。
8人が飲むジュースは8本なので、
8+6=14 になります。

ぴったり2

1 ○番目までに何人いるかを考えます。図にかいて考えましょう。
だいちさんは7番目なので、だいちさんまでに7人います。
全部で10人だから、だいちさんより後ろにいる人は、10−7=3 で、3人です。

2 椅子の数を人の数に置き換えて考えます。
図の椅子(△)と人(○)を線で結び、5個の椅子に座る人は5人であることに気づかせます。

ぴったり1

1 図にかいて考えましょう。
赤いペンは、青いペン7本より4本多いので、7+4=11 になります。

2 りんごは、みかん11個より3個少ないから、11−3=8 になります。

ぴったり2

1 図にかいて、場面を正しく捉え、式に書きましょう。

```
       8ひき
おす △△△△△△△△
めす ○○○○○○○○○○○○○○
   おすと おなじ 8ひき おすより おおい 6ぴき
```

雄の8匹と同じ8匹に、雄より多い6匹をたすと、雌は、8+6=14 で、14匹と求められます。

2 れんさんが折った数だけ○を書いて、図のどこが答えになるのかをしっかりと捉えましょう。

24

◎めあて
場面を図に表して、いろいろな式に表すことができるようにします。　**れんしゅう❶▶**

1 おみせの まえに ひとが ならんで います。
ゆきさんの まえに 3にん います。
ゆきさんの うしろに 4にん います。
みんなで なんにん ならんで いるかを
かんがえます。

3 にん　**4** にん
まえ ○○○●○○○○ うしろ
□にん

① さいしょに まえの 3にんと うしろの
4にんを たして、こたえを もとめましょう。

しき **3＋4＋1＝8**　こたえ **8** にん

② さいしょに まえの 3にんと ゆきさんを
たして、こたえを もとめましょう。

しき **3＋1＋4＝8**　こたえ **8** にん

ゆきさんを たすのを
わすれないように
しょう。

---

1 こどもが よこいちれつに すわって います。
ゆうとさんの ひだりに 5にん います。
ゆうとさんの みぎに 3にん います。
みんなで なんにん すわって いるかを
かんがえます。　きょうかしょ118ページ☑

① ずの つづきを かきましょう。

	5にん		ゆうと	3にん	
ひだり ○	○○○○	●	○○○	みぎ

② さいしょに ひだりの 5にんと みぎの
3にんを たして、こたえを もとめましょう。

しき **5＋3＋1＝9**

こたえ **9** にん

▶よくみて
③ りかさんは、**5＋1＋3＝9** と いう しきを
つくりました。りかさんは、どんな じゅんに
たして いますか。つづきを かきましょう。

さいしょに (れい)ひだりの 5にんと ゆうとさんを
たして、それに みぎの 3人を たして いる。

思考・判断・表現　／100てん

1 ❺❻❼❽ ゆうきさんは、
まえから 5ばんめに
います。ゆうきさんの
うしろに 7にん
います。
みんなで なんにん いますか。　しき・こたえ 1つ10てん(20てん)

しき **5＋7＝12**

こたえ **12** にん

2 いすが 8こ あります。
12にんで いすとりゲームを
します。
いすに すわれない
ひとは なんにんですか。　しき・こたえ 1つ10てん(20てん)

ずの つづきを かいて かんがえよう。	8こ				4にん
いす	△△△△△△△△				
ひと	○○○○○○○○			○○○○	
			12にん		

しき **12－8＝4**

こたえ **4** にん

3 ❻❼❽ はとが 8わ います。
すずめは、はとより 3わ おおく います。　ず・しき・こたえ 1つ10てん(30てん)

① すずめの かずだけ ○を かきましょう。
また、□に あう かずを かきましょう。

8 わ

はと △△△△△△△△
すずめ ○○○○○○○○○○○

② すずめは、なんわ いますか。

しき **8＋3＝11**　こたえ **11** わ

▶すきらうさにさ！
4 てんらんかいの いりぐちに ひとが ならんで
います。
れなさんの まえに 3にん います。
れなさんの うしろに 6にん います。
みんなで なんにん ならんで いますか。
ずの つづきを かいて、1つの しきに
あらわして こたえましょう。　ず・しき・こたえ 1つ10てん(30てん)

	3にん	れな	6にん	
まえ ○	○○	●	○○○○○○	うしろ

しき **3＋6＋1＝10**　こたえ **10** にん
（3＋1＋6＝10）

ぴったり❶

1 問題文をよく読み、場面を図に表し、
式に書いて答えを求めます。
①最初に前の3人と後ろの4人を
たして、それにゆきさんのひとり
（1）をたすので、式は、
3＋4＋1＝8　になります。
②最初に前の3人とゆきさんのひとり
（1）をたして、それに後ろの4人
をたすので、式は、
3＋1＋4＝8　になります。

ぴったり❷

1 ②最初に左の5人と右の3人を
たして、それにゆうとさんのひとり
（1）をたすので、式は、
5＋3＋1＝9　になります。
③考え方は1つではありません。
自分の考えと別の考えで立てた式
の意味も考えられるようになりま
しょう。

ぴったり❸

1 問題のイラストは、場面の部分しか
描いていません。○を使った図を
自分で簡単にかいて考えるとよい
でしょう。

5にん ゆうき　7にん
○○○○○●○○○○○○○
12にん

2 椅子が8個あるので、8人が座れる
と考えます。全部で12人いるので、
12－8＝4　になります。

3 ②スズメは、ハトより3羽多いので、
8＋3＝11　になります。

4 式に書けたら、その式の意味を、
言葉で説明させるとよいでしょう。
（3＋6＋1＝10）
最初に前の3人と後ろの6人を
たして、それにれなさんのひとり
（1）をたしている。
（3＋1＋6＝10）
最初に前の3人とれなさんのひとり
（1）をたして、それに後ろの6人を
たしている。

18 かたちづくり

ぴったり 1 — 98ページ

めあて 色板を使って、いろいろな形を作れるようにします。 **れんしゅう①**

1 したの かたちは、あの いろいたが なんまいで できますか。

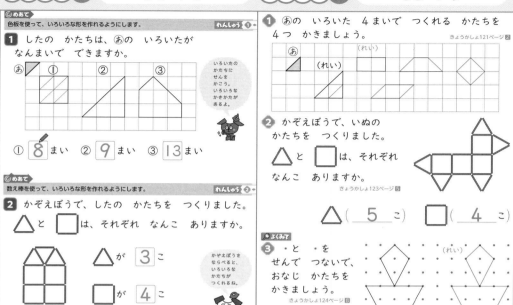

いろいたの かたちに せんを かこう。いろいろな かきかたが あるよ。

① **8** まい ② **9** まい ③ **13** まい

めあて 数え棒を使って、いろいろな形を作れるようにします。 **れんしゅう②**

2 かぞえぼうで、したの かたちを つくりました。

△ と □ は、それぞれ なんこ ありますか。

△ が **3** こ
□ が **4** こ

かぞえぼうを ならべると、いろいろな かたちが つくれるね。

ぴったり 2 — 99ページ

1 あの いろいた 4まいで つくれる かたちを 4つ かきましょう。 きょうかしょ121ページ②

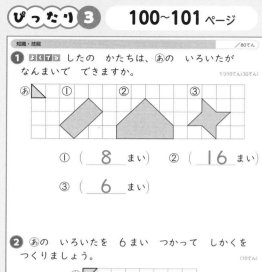
(れい)

2 かぞえぼうで、いぬの かたちを つくりました。

△ と □ は、それぞれ なんこ ありますか。 きょうかしょ123ページ⑤

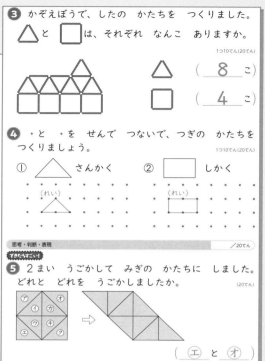

△（ **5** こ） □（ **4** こ）

よくみて
3 ・と ・を せんで つないで、おなじ かたちを かきましょう。 きょうかしょ124ページ⑥

(れい)

ぴったり 3 — 100〜101ページ

知識・技能 /80てん

1 よくでる したの かたちは、あの いろいたが なんまいで できますか。 1つ10てん(30てん)

① （ **8** まい） ② （ **16** まい）

③ （ **6** まい）

2 あの いろいたを 6まい つかって しかくを つくりましょう。 (10てん)

(れい)

3 かぞえぼうで、したの かたちを つくりました。

△ と □ は、それぞれ なんこ ありますか。 1つ10てん(20てん)

△ （ **8** こ）
□ （ **4** こ）

4 ・と ・を せんで つないで、つぎの かたちを つくりましょう。 1つ10てん(20てん)

① △ さんかく ② □ しかく

(れい) (れい)

思考・判断・表現 /20てん

5 2まい うごかして みぎの かたちに しました。どれと どれを うごかしましたか。 (20てん)

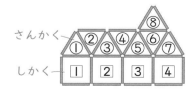

（ ㋔ と ㋗ ）

ぴったり 1

1 ②と③の形に、あの色板の形に区切る 線をかいて考えます。

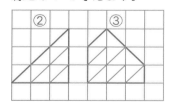

2 数え棒を並べて形を作ると、中の 空いた「さんかく」や「しかく」が できます。

△「さんかく」は、向きが変わって も同じ形と考えましょう。

ぴったり 2

1

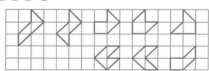

上の図のような形をかいていても 正解です。同じ形であれは、向きが 違っていても正解です。

2 ◁ や ▷ も「さんかく」です。

3 点と点を、フリーハンドで丁寧に、 できるだけまっすぐな線で結びま しょう。「しかく」が2つできている ことを確認しましょう。

ぴったり 3

2

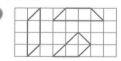

上の図のような形をかいていても 正解です。同じ形であれば、向きが 違っていても正解です。

3 下の図のようになります。

さんかく
しかく

4 問題にかいてある図形と同じ形の 「さんかく」や「しかく」を作っても、 形や大きさの違う「さんかく」や 「しかく」を作っても、どちらでも 正解です。

5 下のように動かしています。

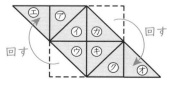

回す

まとめのテスト **102ページ**

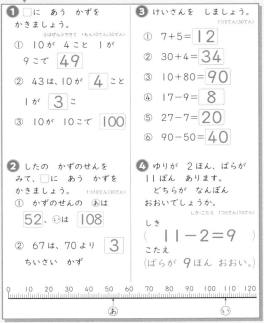

① □に あう かずを かきましょう。
2はぜんぶできて 1もん10てん(30てん)

① 10 が 4 こと 1 が 9こで 49

② 43は、10が 4 こと 1が 3 こ

③ 10が 10こで 100

② したの かずのせんを みて、□に あう かずを かきましょう。 1つ10てん(30てん)

① かずのせんの ⓐは 52 、ⓘは 108

② 67は、70より 3 ちいさい かず

③ けいさんを しましょう。
1つ5てん(30てん)

① 7+5= 12

② 30+4= 34

③ 10+80= 90

④ 17-9= 8

⑤ 27-7= 20

⑥ 90-50= 40

④ ゆりが 2ほん、ばらが 11ぽん あります。どちらが なんぼん おおいでしょうか。
しき・こたえ 1つ5てん(10てん)

しき
(11-2=9)

こたえ
(ばらが 9ほん おおい。)

ようにしておきましょう。

①たされる数を 10にします。
7はあと3で10だから、5を3と2に分けます。

③10の束が1個と8個で9個だから、90。

④ひかれる数の17を10と7に分けます。

④ 求差の場面です。ひき算で求めます。ゆりの本数と、ばらの本数を比べて、大きい数から小さい数をひきます。

---

① ①10が4個で40、1が9個で9だから、40と9で49です。
③10が10個集まると、100(百)です。

② ①ⓐは、50より2目盛り右なので、52。
ⓘは、100より8目盛り右なので、108。
②67は、70より3目盛り左です。

③ 1年生で学習した大切な計算です。間違えたときは、もう一度計算のしかたを確認して、正しく計算できる

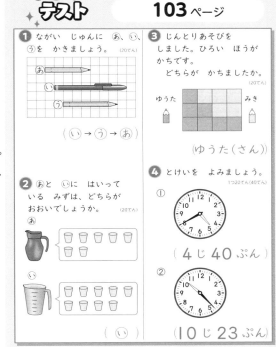

まとめのテスト **103ページ**

① ながい じゅんに ⓐ、ⓘ、ⓤを かきましょう。 (20てん)

(ⓘ → ⓤ → ⓐ)

② ⓐと ⓘに はいって いる みずは、どちらが おおいでしょうか。 (20てん)

(ⓘ)

③ じんとりあそびを しました。ひろい ほうが かちです。どちらが かちましたか。 (20てん)

ゆうた　みき

(ゆうた(さん))

④ とけいを よみましょう。
1つ20てん(40てん)

① (4じ 40ぷん)

② (10じ 23ぷん)

---

③ ゆうたさんとみきさんが塗った広さを、「ますいくつ分」と表して比べます。数値化すると、広さを数の大小で比べられて便利です。
ゆうたさんは 7ます分、みきさんは 5ます分です。
ゆうたさんの塗った広さのほうが広いです。

④ 短針で「何時」、長針で「何分」を読みます。
①短針は4と5の間だから、4時何分です。長針は「8」を指しているから、40分です。
②長針は20分から3目盛り進んだところだから23分です。

---

① 方眼のますを単位として、ⓐ、ⓘ、ⓤの長さを、「ますいくつ分」と表して比べます。
ⓐは5つ分、ⓘは8つ分、ⓤは6つ分です。

② コップを単位として、ⓐとⓘのかさを、「コップいくつ分」と表して比べます。
ⓐは7杯分、ⓘは9杯分です。

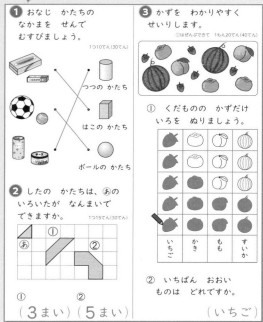

この絵を下から順に塗っていき、
塗った絵の長さを比べることで、
それぞれの果物の多い少ないが
一目で分かります。

②絵グラフの長さから、いちばん多い
のは、イチゴだとわかります。
イチゴは 5、カキは 3、モモは 2、
スイカは 2 だから、数の大きさを
比べて答えても正解です。

❶ 形や大きさ、色、材質などが違って
いても、「つつのかたち」（円柱）、
「はこのかたち」（直方体）、
「ボールのかたち」（球）と捉えられる
ようにしましょう。

❷ ①と②の形に、あの色板の形に区切る
線をひいて考えましょう。

❸ ①果物を種類別に数え、それぞれの
数だけ色を塗ります。
表の絵は、いろいろな果物が
だいたい同じ大きさで、１つずつ
ますの中に入っています。

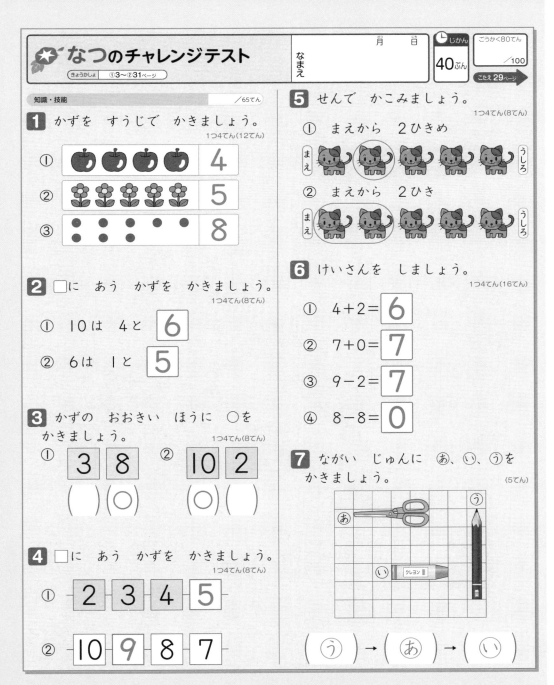

1 具体物（絵）の数を数字で書く問題です。
　①「りんごの数はいくつかな。」と問い、「し」と唱えさせながら、「4」と書くようにさせましょう。

2 ①「10 はいくつといくつ」を考える問題です。
　②「6 はいくつといくつ」を考える問題です。

3 10 までの数の大小を比べる問題です。

4 10 までの数の系列を考える問題です。
　①2、3、4 と連続していることから、左から右へ 1 ずつ大きくなっていることがわかります。
　「2、3、4、5、……」のように唱えながら、□に数を書くようにします。
　②8、7 と連続していることから、左から右へ 1 ずつ小さくなっていることがわかります。
　「10、9、8、7、……」のように唱えながら、□に数を書くようにします。

5 前後に関わる順序や位置の問題です。
　①「前から 2 匹目」で囲むのは、1 匹だけです。
　②「前から 2 匹」で囲むのは、2 匹です。

6 繰り上がりのないたし算や、繰り下がりのないひき算ができるかを確かめる問題です。
　まだ、念頭で考えられない場合は、算数ブロックの操作を十分に経験させて、ブロックがなくても計算できるように、繰り返し練習させるとよいでしょう。

7 方眼のますを単位として、ものの長さを「ますいくつ分」と表して比べています。
　長さを「ますいくつ分」と数値化すると、長さを数の大小で比べられます。

8 えを みて こたえましょう。

ひだり りんご ばなな めろん すいか いちご みぎ

ひだりからも みぎからも
3ばんめの くだものは、なんですか。
(5てん)

（ めろん ）

9 あめが 6こ あります。
ぐみが 9こ あります。
どちらが なんこ おおいでしょうか。
しき・こたえ 1つ5てん(10てん)

しき　9−6＝3

こたえ　ぐみ　が

3　こ　おおい。

10 えを みて、4＋3＝7の しきに
なる おはなしを つくりましょう。
(5てん)

(れい)おおきい いぬが 4ひき います。

ちいさい いぬが 3びき います。

いぬは ぜんぶで 7ひき います。

11 ゆうたさんの くつばこは、
どこですか。
ただしい ことばを せんで
かこみましょう。
1つ5てん(10てん)

たつき	あゆ	しょう	りく
まお	えみ	さやか	つむぎ
さとる	かな	ゆうた	まい
あお	あきと	よしの	たくみ

ゆうたさんの くつばこは、

（ うえ、した ）から 2ばんめで

（ ひだり、みぎ ）から

3ばんめです。

12 あやさんは したのように
つくえの よこの ながさを
はかって、「えんぴつの
4つぶんです。」と いいました。
あやさんの かんがえは
ただしいですか、ただしく
ないですか。わけも かきましょう。
(5てん)

ただしいか、ただしく ないか。
ただしく ない。

わけ
(れい)ちがう ながさの えんぴつで

くらべて いるから。

8 左右に関わる順序や、位置の表し方についての問題です。左右を正しく認識できているかどうかを確かめましょう。

9 求差の場面で、ひき算の式をつくり、問題を解決できるかどうかを確かめる問題です。
演算を決めるキーワードになる語句（なんこおおい）に下線を引いたり、式に使う数字に○をつけるなどするとよいでしょう。また、問題文に出てきた数の順に式をつくり、「6−9」としないように、数は大きいほうから小さいほうをひくことに、注意します。

10 「たし算の式になるお話」をつくる問題です。絵を見て、4と3になるものをそれぞれ探します。

11
うえ

たつき	あゆ	しょう	りく
まお	えみ	さやか	つむぎ
さとる	かな	ゆうた	まい
あお	あきと	よしの	たくみ

ひだり　みぎ
した

上下、左右を正しく認識できているかを確かめます。ゆうたさんの靴箱の位置の表し方は他にもあるので、別の表し方も考えさせてみるとよいでしょう。

12 鉛筆などを単位とすれば、身の回りにあるものの長さを数値化することができます。そのときに使用する鉛筆は同じ長さでなければならないので、図のようなはかり方は正しくありません。長い鉛筆4本分と短い鉛筆4本分とでは、同じ4本分でも長さが違うことを確認しましょう。

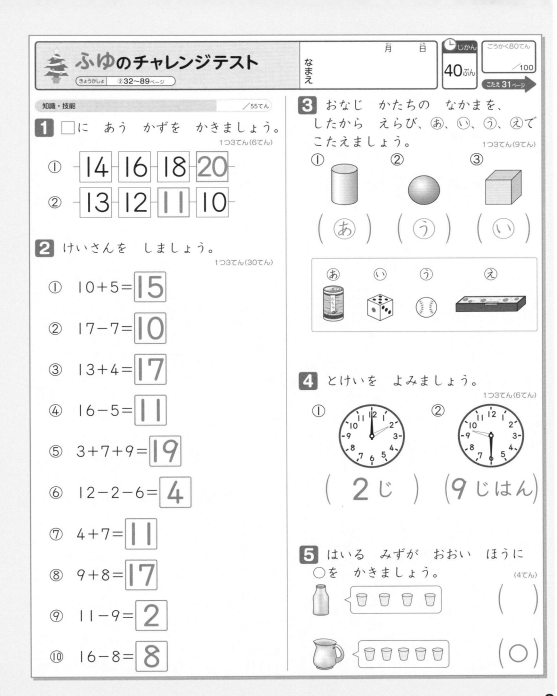

1 ①2とびです。「2、4、6、8、10、12、14、16、18、20」と唱えながら、□に数を書きましょう。

②「13、12、11、10」と唱えながら、□に数を書きましょう。

2 ①〜④「10といくつ」という数の構成をもとに考えるたし算・ひき算です。

⑤⑥3つの数のたし算・ひき算です。前から順に計算します。

⑦〜⑩繰り上がりのあるたし算、繰り下がりのあるひき算です。この計算が確実に、すらすらとできるようになることが、1年生の算数の1つの目標です。

3 ①は「つつのかたち」、②は「ボールのかたち」、③は「さいころのかたち」です。えは「はこのかたち」です。

4 時計を読むときには、短針の位置が基本になるので、短針、長針の順に見ます。

①短針は2を、長針は12を指しているから、2時です。

②短針は9と10の間だから、小さいほうの数の9を読みます。長針は6を指しているから、9時半です。

5 コップを単位として、水のかさをコップ「いくつ分」と表して比べています。「いくつ分」と数値化すると、水のかさを数の大小で比べられます。

上の容器は4杯分、下の容器は5杯分です。

31

思考・判断・表現 ／45てん

6 きんぎょが 10ぴき います。
5ひき あげました。
つぎに 3びき もらいました。
きんぎょは、なんびきに
なりましたか。
1つの しきに かいて、
こたえましょう。　しき・こたえ 1つ5てん(10てん)

しき $10-5+3=8$

こたえ（ 8 ）ひき

7 りんごが 9こ あります。
4こ もらいました。
りんごは、ぜんぶで なんこに
なりましたか。　しき・こたえ 1つ5てん(10てん)

しき $9+4=13$

こたえ（ 13 ）こ

8 やぎが 15とう います。
こどもの やぎは 8とうです。
おとなの やぎは なんとう
いますか。　しき・こたえ 1つ5てん(10てん)

しき $15-8=7$

こたえ（ 7 ）とう

9 さくやさんは、4つの かたちを
したのように 2つの なかまに
わけました。
どのように かんがえて
わけましたか。
あ、いで こたえましょう。　(5てん)

⓪ たかく つめる かたちと、
つめない かたちに わけた。
⓪ まるい ところが ある
かたちと、ない かたちに わけた。

（ あ ）

10 かずを わかりやすく
せいりします。
①はぜんぶてきて 1もん5てん(10てん)

① ぶんぼうぐの かずだけ いろを
ぬりましょう。

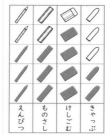

② いちばん おおい ものは
どれですか。

こたえ（ けしごむ ）

---

6 10匹から5匹減って、3匹増えた
から、1つの式に書くと、
10−5+3＝8 です。
10−5＝5、5＋3＝8 をつなげて、
10−5＝5＋3＝8 と書かない
＝の左右が等しくない
ように注意しましょう。

7 増加の場面です。たし算で求めます。
正しく式に書きましょう。

8 求補の場面です。ひき算で求めます。
全体の数15から、子どものヤギの
数8をひいた残りが大人のヤギの数
です。

9 まず、分けた形の特徴を考えます。
左…「さいころのかたち」、「つつの
かたち」、「はこのかたち」
右…「ボールのかたち」
次に、あ・いについて考えていきます。
あ…「つつのかたち」は曲面があり
ますが、底面は平面なので、
高く積むことができます。
だから、高く積むことができない
のは「ボールのかたち」だけです。
い…まるいところがある形とない形
に分けるのなら、「つつのかたち」
と「ボールのかたち」が同じ仲間
でなければなりません。

10 ①下から順に色を塗りましょう。
②①でかいた絵グラフの長さを
比べると、消しゴムがいちばん
多いことがわかります。

32

はるのチャレンジテスト

きょうかしょ ②91〜125ページ

月　日

なまえ

じかん 40ぷん

ごうかく80てん ／100

こたえ 33ページ

知識・技能　／60てん

1 □に あう かずを かきましょう。

③はぜんぶできて 1もん4てん(16てん)

① 10が 5こと 1が 4こで

54

② 10が 6こで **60**

③ 75は、10が **7** こと

1が **5** に

④ 100は、10が **10** に

2 □に あう かずを かきましょう。

1つ4てん(12てん)

① **44** **46** **48** **50** **52**

② **82** **92** **102** **112**

3 けいさんを しましょう。

1つ4てん(16てん)

① 60+7＝ **67**

② 88−4＝ **84**

③ 20+50＝ **70**

④ 100−10＝ **90**

4 したの かたちは、あの いろいたが なんまいで できますか。

(4てん)

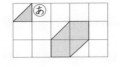

(**6**)まい

5 ひろい ほうに ○を かきましょう。

(4てん)

あ　　　　　　　　　　い

　　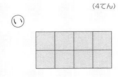

(○)　　( )

6 とけいを よみましょう。

1つ4てん(8てん)

①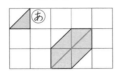

(6じ 20ぷん)

②

(1じ 42ぷん)

---

1 ①10が5個で50、1が4個で4、
50と4で54です。
④100は10が10個集まった数
です。

2 「かずのせん」(数直線)を使って、
数の並び方を確認させましょう。
①2とびで唱えてみましょう。
②10とびで唱えてみましょう。

3 ①・②「何十といくつ」をもとにして
考えるたし算・ひき算です。
③④「10の束が何個」をもとにして
考えるたし算・ひき算です。

4 あの色板の形に区切る線をかいて
考えます。

5 ます(方眼)を単位として、広さを
「ますいくつ分」と表して比べます。
あは12ます分、いは8ます分
なので、あが広いことがわかります。

6 短針で「何時」を、長針で「何分」
を読みます。
①短針は6と7の間だから、6時何分
です。長針は4を指しているから、
20分です。
②短針は1と2の間だから、1時何分
です。長針は40分から2目盛り
進んだところだから、42分です。

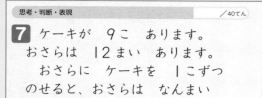

7 ケーキが 9こ あります。
おさらは 12まい あります。
おさらに ケーキを 1こずつ
のせると、おさらは なんまい
あまりますか。
しき・こたえ 1つ4てん(8てん)

```
        9こ
ケーキ ▲▲▲▲▲▲▲▲▲   □まい
おさら ●●●●●●●●● ●●●
        12まい
```

しき $12-9=3$

こたえ （ 3 ）まい

8 あかい はなが 8ほん さいて
います。
しろい はなは、あかい はなより
5ほん おおく さいて います。
しろい はなは、なんぼん さいて
いますか。
ずの □に あう かずを かいて
こたえましょう。　ず・しき・こたえ 1つ4てん(12てん)

```
   8 ほん      5 ほん
あか ●●●●●●●●    おおい
しろ ○○○○○○○○ ○○○○○
```

しき $8+5=13$

こたえ （ 13 ）ぼん

9 ひろむさんの まえに 6にん
います。ひろむさんの うしろに
3にん います。
みんなで なんにん いますか。
ずの つづきを かいて、1つの
しきに あらわして こたえましょう。
ず・しき・こたえ 1つ4てん(12てん)

```
        6にん    ひろむ 3にん
まえ ○ ○ ○ ○ ○ ○ ● ○ ○ ○ うしろ
```

しき $6+3+1=10$
（または $6+1+3=10$）

こたえ （ 10 ）にん

10 ながい はりを かきましょう。
1つ4てん(8てん)

① 6じ15ふん

② 4じ50ぷん

7 ケーキの数をお皿の数に置き換えて
考えます。
9個のケーキをのせるお皿は9枚
なので、12−9＝3　になります。

8 図にかいて、場面を正しく捉え、
式に書きましょう。

```
        8ほん
あか ●●●●●●●●
しろ ○○○○○○○○ ○○○○○
   あかと おなじ 8ほん  あかより おおい
                      5ほん
```

赤い花と同じ8本に、赤い花より
多い5本をたすと、白い花は、
8＋5＝13　で、13本です。

9 問題文をよく読み、場面を図に表し、
式に書いて答えを求めます。
「ひろむさんの前に6人います。」
この「6」には、ひろむさんは含まれ
ません。「ひろむさんの後ろに3人
います。」この「3」にもひろむさんは
含まれません。このことをしっかり
理解しましょう。

```
      6にん        3にん
まえ ○○○○○○ ● ○○○ うしろ
             ひろむ
```

最初に前の6人と後ろの3人を
たして、それにひろむさんのひとり
（1）をたすと考えると、式は、
6＋3＋1＝10　になります。
また、最初に前の6人とひろむさん
のひとり（1）をたして、それに後ろ
の3人をたすと考えると、式は、
6＋1＋3＝10　になります。

10 長針はいちばん小さい目盛り
（1目盛りは1分）を読むことを確認
しましょう。
①「15ふん」だから、長針が3を
指すようにかきます。
②「50ぷん」だから、長針が10を
指すようにかきます。

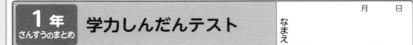

1年 さんすうのまとめ 学力しんだんテスト

月　日

なまえ

じかん **40ぷん**

ごうかく80てん　／100

こたえ35ページ

---

1 □に かずを かきましょう。
1つ2てん(4てん)

① 10が 3こと 1が 7こで **37**

② 10が 10こで **100**

---

2 □に かずを かきましょう。
□1つ3てん(12てん)

① **44** **46** **48** **50** **52**

② **100** **90** **80** **70** **60**

---

3 けいさんを しましょう。1つ3てん(18てん)

① 8+6= **14**　② 14-9= **5**

③ 0-0= **0**　④ 30+40= **70**

⑤ 33+4= **37**　⑥ 29-7= **22**

---

4 11人で キャンプに いきました。
その うち 子どもは 7人です。
おとなは なん人ですか。1つ3てん(6てん)

しき **11-7=4**

こたえ（ **4** ）人

---

5 なんじなんぷんですか。
(3てん)

（ **2じ 45ふん** ）

---

6 ⓐ～ⓔの 中から たかく つめる
かたちを すべて こたえましょう。
(ぜんぶてきて 3てん)

ⓐ　ⓘ　ⓤ　ⓔ

（ ⓐ、ⓘ、ⓔ ）

---

7 下の かたちは、ⓐの いろいたが
なんまいで できますか。　1つ3てん(6てん)

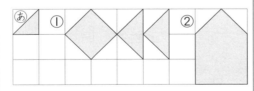

①（ **8** ）まい ②（ **10** ）まい

---

8 水の かさを くらべます。正しい
くらべかたに ○を つけましょう。
(4てん)

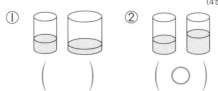

①（　）　②（ ○ ）

---

1 ①10が3個で30、30と7で37
です。

②10が10個で100になります。

2 与えられた数の並びから、きまりを
みつけ、あてはまる数を求めます。

①2ずつ大きくなっています。

②10ずつ小さくなっています。

3 ③もとの数に0をたしたり、もとの
数から0をひいたりしても、答え
はもとの数のままです。

④30は10が3個、40は10が
4個だから、30+40は、10が
(3+4)個で、70です。

4 あわせて11人いるから、おとなの
人数は、全体の人数から子どもの人
数をひけば求められます。

5 時計の表す時刻を読み取ります。
短針で何時、長針で何分を読みます。
「3じ45ふん」とする間違いがよく
あります。短針が2と3の間にある
ことに注意しましょう。

6 ⓐとⓔは、箱の形、ⓘは筒の形で、
重ねて積み上げることができます。
答えの順序が違っていても正解です。

7 図に線をひいて考えます。
四角1マス分の形は、ⓐの色板2枚
でつくることができます。

8 同じ大きさの容器を使うと、入った
水の水面の高さで比べることができ
ます。

9 どうぶつの かずを しらべて せいりしました。

1つ4てん(8てん)

① いちばん おおい どうぶつは なんですか。

| うし | さる | うさぎ | ねずみ |

(ねずみ)

② いちばん おおい どうぶつと いちばん すくない どうぶつの ちがいは なんびきですか。

(3) びき

10 バスていで バスを まって います。

1つ4てん(12てん)

① まって いる 人は 7人 いて、みなとさんの まえには 4人 ならんで います。みなとさんは うしろから なんばん目ですか。

うしろから **3** ばん目

② バスが きました。バスには はじめ 3人 のって いました。この バスていで まって いる 人 みんなが のり、つぎの バスていで 5人が おりました。バスには いま なん人 のって いますか。

しき **3＋7－5＝5**

こたえ **(5) 人**

活用力をみる

11 かべに えを はって います。□に はいる ことばを かきましょう。

□1つ4てん(16てん)

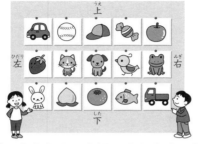

① さかなの えは みかんの えの **右** に あります。

② いちごの えは 車の えの **下** に あります。

③ 犬の えは (れい)**みかん** の えの **上** に あります。

12 ゆいさんと さくらさんは じゃんけんで かったら □を 1つ ぬる ばしょとりあそびを しました。どちらが かちましたか。その わけも かきましょう。

1つ4てん(8てん)

■…ゆいさん
■…さくらさん

かったのは **(さくら) さん**

わけ (れい)**(さくらさんの ほうが ぬった □の かずが おおいから。)**

9 数がいちばん多いのはねずみで、いちばん少ないのはさるです。
絵グラフの高さから、いちばん多い動物、いちばん少ない動物を読み取ります。

10 ①みなとさんは前から5番目だから、みなとさんの後ろには2人並んでいます。

②3＋7＝10、10－5＝5と2つの式に分けていても正解です。

11 右、左、上、下を使って、ものの位置をことばで表します。

③犬の位置を表します。

「ぼうしのえの下」、「ねこのえの右」、「とりのえの左」と答えていても正解です。

12 わけは、さくらさんのほうが、塗った□の数が多い(塗った場所が広い)ことが書けていれば正解です。

ゆいさんが12個、さくらさんが13個□を塗っていると、具体的な説明がついていても正解です。

東京書籍版・小学算数 1年